CB022138

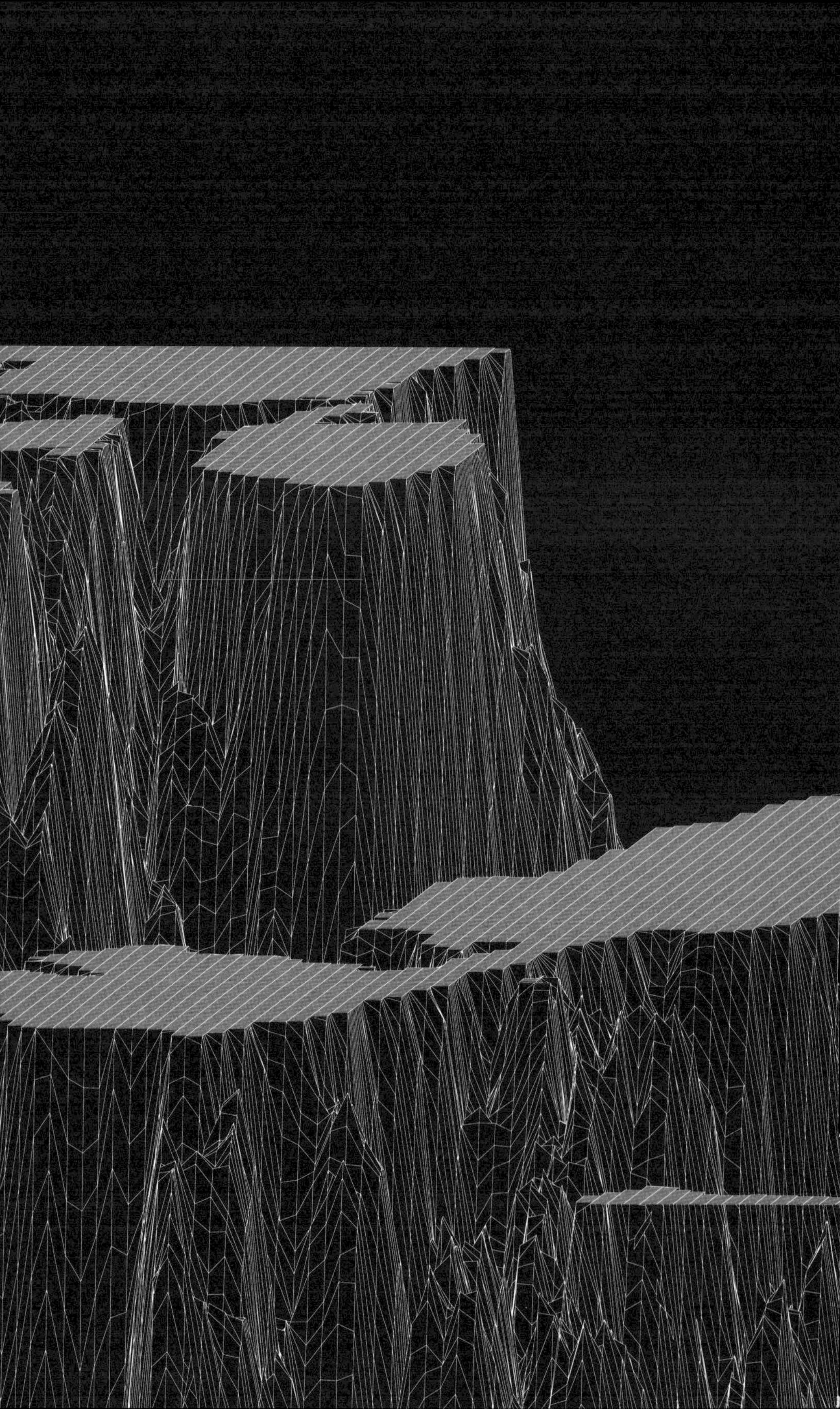

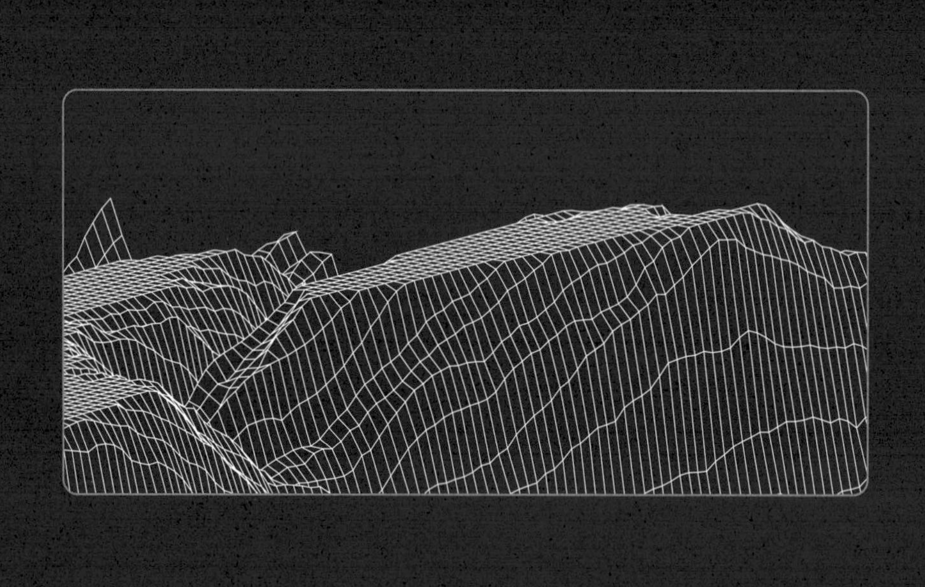

EVERARDOBR

e-CÓDIGO

<COMO A TECNOLOGIA NOS LEVARÁ SEM CORPO PARA A VIDA SEM FIM/>

ADMINISTRAÇÃO:
BRUNO VARGAS

PREPARAÇÃO:
JOSÉ ANTÔNIO RUGERI

CAPA E PROJETO GRÁFICO:
DESENHO EDITORIAL

COORDENAÇÃO DA EXECUÇÃO GRÁFICA:
MARIA NEVES

DIAGRAMAÇÃO:
MARCOS AURÉLIO PEREIRA

ILUSTRAÇÕES (A PARTIR DE ESBOÇOS DO AUTOR)**:**
NERD STUDIO.SITE / MARCOS AURÉLIO PEREIRA

REVISÃO:
MARIA NEVES

IMPRESSÃO:
IPSIS GRÁFICA

FOTO DO AUTOR:
GUILHERME CARVALHO DOS SANTOS,
DA COLMEIA FOTOGRAFIA

DADOS INTERNACIONAIS DE CATALOGAÇÃO NA PUBLICAÇÃO (CIP)
(CÂMARA BRASILEIRA DO LIVRO, SP, BRASIL)

everardobr
e-Código : como a tecnologia nos levará sem corpo para a vida sem fim / everardobr. -- Brasília : Categoria Editora, 2021.

ISBN 978-65-995940-0-7

1. Ciência e tecnologia 2. Futuro - Perspectivas 3. Seres humanos 4. Tecnologia I. Título.

21-79730 CDD-500

INDICES PARA CATÁLOGO SISTEMÁTICO:
1. Ciência e tecnologia : Ciências 500
Maria Alice Ferreira - Bibliotecária - CRB-8/7964

[2021]

CATEGORIA
SHVP Rua 6 – Condomínio 274 – Lote 27A – Loja 1
Brasília – DF
CEP 72006-600
WWW.CATEGORIAEDITORA.COM.BR

Para minha mulher,
Nancy, e para meu
neto, Mateus.

"UM CURTO
DIA QUE
CHEGA E
PARTE PARA
SEMPRE"

O coração das trevas,
Joseph Conrad

1. Antes que a vaca tussa: as considerações

2. e-Código: as leis 58

Este livro é um drone que decola hoje para passear os olhos pelo futuro. Daqui do fundo, do presente de onde não se vê com clareza a próxima ilha depois da neblina, faz subir acima das ondas uma lente voadora que nos permite conferir o curso e antever o cais logo ali no meio do caminho. Ele quer nos fazer descobrir que não viajamos sem rumo. Ao contrário, o itinerário está cada dia mais claro se visto da perspectiva da lente apontada para lá na frente. Tudo faz e fará gradativamente mais sentido. Os recursos tecnológicos autônomos, libertados da tutela dos cientistas, vão tomar o comando da ciência. Para nos defender da degeneração programada da delicada armadura corporal, eles vão nos levar para o mundo virtual com a individualidade preservada e a salvo dos acidentes e da destruição. Viveremos em bolhas e teremos acesso ao que a imaginação sonhar. Seremos tão fortes e poderosos que até nos custa aceitar a lógica que nos adianta o futuro.

Antes que a vaca tussa: as considerações

Pense em Júlio Verne. Pense em H. G. Wells, Ray Bradbury. Pense em Asimov. Pense também em Ridley Scott, Stanley Kubrick, Georges Méliès, Steven Spielberg, A bolha assassina, 2001, Os Jetsons, Contatos Imediatos de Terceiro Grau, Viagem à Lua.

Pense nos irrequietos que sempre preferiam antever a esperar para ver. Pense nessas ousadias que desafiavam a imaginação bovina dos contemporâneos. Nem que a vaca tussa? Esperem e verão, homens de pouca fé!

Pense não no resultado, mas no exercício de ousar.

Claro que muitas previsões, ficcionais ou acadêmicas, falharam, porque isso é típico da previsão. O mérito da especulação quanto ao futuro da luta humana não está em acertar, mas em ousar saltar etapas. Em arriscar dizer a fantasia sem disfarce.

A verdade é que a vaca tem tossido muito ultimamente na cara dos incrédulos de pés estáveis e olhos bem focados no chão. Quanto mais o surpreendente chega, mais encolhe a possibilidade de espanto. Tanto que vai ficando cada vez menos apropriado gastar o rótulo de ficção científica mesmo no desvario mais desvairado que alguém possa manifestar. Nossa credulidade no extraordinário engordou, cresceu e apareceu. A surpresa virou ararinha-azul: difícil, difícil de topar com uma em carne e osso.

É tanta coisa acontecendo que, se não sabemos com certeza para onde estamos indo tão rapidamente, não temos dúvida de que estamos indo numa velocidade de entontar piloto e num chacoalhar de estruturas de enjoar marinheiro. É tanta velocidade que fica pouco espaço para buscar entender para onde diabos estamos sendo levados. Ficamos tanto tempo na janela assombrados com a velocidade com que as árvores passam que nos esquecemos de ler o destino que está impresso em nosso bilhete.

Nós estamos indo rapidamente para algum lugar. Ponto. Este e-Código pretende revelar que lugar é esse.

É bom relembrar que não pegamos o trem na estação de onde estamos saindo agora, porque essa consciência nos avisa da necessidade de valorizar as conquistas. Entramos bem antes. Ainda era um lugar mágico, brumoso, com bocas peçonhentas, garras pontudas e abraços peludos, em que o perigo de nem pegar o trem era o mais comum. A humanidade começou sem chance de dobrar a próxima esquina. Sem defesa, sem aspirina nem cotonete, os primeiros humanos morriam como... moscas? Talvez morressem bem mais e bem menos bem que os insetos da metáfora. Queimavam galhos perfumados, dançavam indefesos e se encolhiam para mais longe do trovão que do raio, e não adiantava nada. Caíam sapecados, na melhor das hipóteses, ou caíam doentes, que era o equivalente pleistoceno do inferno religioso, hospedaria calorosa que ainda não tinha começado a juntar a lenha.

O inferno juntou sua lenha repressiva, mas o homem aproveitou o tempo antes da condenação para fazer casa, inventar ferramenta, cercar a plantação, agrupar-se, comprar, vender, fazer a guerra. Deu e tomou remédio. Trouxe os doentes para debaixo da lupa da razão e da ciência na peleja que ainda hoje se trava contra as crendices e o preconceito chulo.

A humanidade descobriu o que a natureza até concordava em ceder, mas nunca entendeu direito qual era e é mesmo o limite do saco sem fundo dos recursos queimados para manter, com desperdício, o fogo que faz resplandecerem as vaidades pequenas. Podia estar melhor, porque o planeta que nos tocou até que é generoso, mas a humanidade é, no geral, burra. Progride aos trancos, menos porque faltem conhecimentos e mentes abertas apetrechadas para acender a caldeira do barco que por preguiça de abandonar a costa ensolarada.

Pela primeira vez na história, no entanto, o que parecia ser uma desorganizada pantomima, sem propósito e sem enredo, vai acabar. Pelo menos para alguns. Ou, para ser mais exato, vai acabar certamente para alguns, não mais que alguns. Vamos testemunhar pela primeira vez que, sim, há uma forma de vencer o determinismo humano de chafurdar. Desta vez, uma parcela dos humanos vai ultrapassar a borda do atoleiro, ainda que ironicamente tenha que, para isso, renunciar a uma parte característica de sua humanidade.

Alguns de nós vão mudar de vida pela via da renúncia a um pouco daquilo que costumamos associar à nossa própria e peculiar condição. Esses alguns vão bater a sandália e deixar o pó desse lado de cá, sem hesitação e sem uma última olhada para trás, e entrar no mundo calidamente acolhedor da existência virtual.

É isso. É disso que se trata: o e-Código é o intento de registrar as normas que podem ser inferidas do rumo que as coisas vêm tomando na direção dessa viagem, que significará a autonomia da tecnologia diante da ciência.

No e-Código, não há criação, não há opinião nem escolha para chegar àquilo que se consolida em forma de leis. Trata-se apenas de captação e registro. As leis incluídas aqui foram tendo seus princípios assentados na prática do decorrer do tempo, em especial do pouco tempo a partir de quando a tecnologia deu um salto qualitativo. Em vez de somente substituir funções mecânicas, como as adotadas nos rudimentos da indústria, ou abstratas básicas, como as desempenhadas pelas primeiras máquinas de somar, pulou para o processamento de informações em linguagem de máquina, para assumir funções abstratas mais sofisticadas. Ou seja, as leis tratadas no e-Código foram sendo assentadas no decorrer do curto tempo a partir do surgimento da área que aprendemos a chamar de informática.

Como já relembramos aqui, as novidades estão nos abalroando a cada momento. Se alguém diz que o aplicativo de seu celular usa o som captado por ouvidos infra-humanos para calcular quantas minhocas habitam os quintais um quilômetro quadrado em volta da casa, não receberá mais que um "ah, legal" desentusiasmado. Não sabíamos que alguém tinha se dado ao trabalho de contar as minhocas pelo celular, mas já estávamos preparados para esse e outros lançamentos fora do comum na loja de aplicativos.

Por isso mesmo, a questão que o e-Código quis enfrentar não foi a de imaginar o futuro com as ferramentas da fantasia, mas de ler o futuro como ele se prenuncia naquilo que já ocorre hoje. É um trabalho de interpretação dos dados e de análise da natureza das soluções brindadas pelos campos de aplicação da alta tecnologia.

O e-Código jogou seu foco em especial no que é relativo à combinação dos progressos em capacidade de processamento e em resolução dos problemas postulados pela limitação da biologia humana.

Algumas conclusões se impuseram sem muita vacilação. Mas é honesto registrar que a de maior transcendência é a de que nada, além de um tempo ainda não possível de precisar, pode impedir a migração da vida humana para o ambiente virtual.

Por que essa conclusão é natural e incontestável? Porque não pode existir aplicação mais nobre e valorizada dos recursos tecnológicos que a que represente vitória da sobrevivência do corpo sobre as adversidades. As conquistas da medicina de diagnósticos, da cirurgia automatizada e do desenvolvimento de ferramentas inovadoras para evitar intervenções invasivas exemplificam como são de prioridade absoluta as aplicações com relevância para a vida.

A perda de alguém próximo, nossa eventual ida ao hospital ou uma situação de pandemia destruidora não nos deixam esquecer da insegurança da vida humana. Principalmente não nos deixam esquecer que as incertezas derivam da fragilidade intrínseca do corpo humano, traduzida na mais terrível das obsolescências programadas. Essa lembrança aponta a conveniência de orientar o esforço para direcionar o desenvolvimento dos recursos à resolução dos problemas de nossa biologia precária.

Portanto, não parece haver dúvida de que o sucesso de público das soluções tecnológicas que ajudem a enfrentar as limitações orgânicas vão incentivar a dedicação de cientistas e técnicos. Ora, não é estranho raciocinar que é um rumo que vai terminar um dia na libertação total das limitações do corpo humano. Por isso mesmo, a migração da essência humana, desvinculada de sua ligação perigosa com o corpo corruptível, para o mundo protegido e asséptico do espaço virtual é mais que uma possibilidade – é nosso imparável destino.

Tecnologia e ciência

A ciência é a grande protagonista das vitórias parciais, decisivas para o enredo da história humana, sobre o conjunto de adversidades naturais. Ela mescla a segurança do método e a ousadia da criatividade para ir melhorando aos saltos nossa qualidade de vida. Sem ela, ninguém pode ter dúvida de que não teríamos chegado até aqui.

E não teríamos chegado à atual disponibilidade dos recursos que nos permitem um dia a dia exponencialmente diferente daquele que se via há poucos anos. A ciência pariu um filho tão extraordinário que ele, agora, invertendo a história de Saturno, está prestes a engolir quem lhe trouxe ao mundo. A tecnologia vai inapelavelmente incorporar a ciência.

A ciência vai deixar de ser uma ocupação dos cientistas para ser uma das ocupações da tecnologia. A palavra *tecnologia* está aqui no sentido mais abrangente possível, incluindo a totalidade dos recursos de informática, hardware e software. Será aí que o trabalho de indiscutível relevância hoje desempenhado pelos cientistas passará a ser feito.

Podemos dizer que o trabalho científico se vale de conhecimento, método e ferramenta, sem falar de algo que podemos denominar de *intuição*, na falta de termo mais específico. Essa intuição pode ser menos ou mais genial, menos ou mais inovadora, menos ou mais ousada. Comporta variantes e variedades, mas é aquele algo que também está presente no trabalho científico e caracteriza a grande contribuição que os desbravadores do conhecimento prestam à humanidade.

Método e ferramenta, pela própria natureza de previsibilidade em uso e design, são incorporados sem muito drama pelos recursos. À medida que o tempo passa, é evidente que essa incorporação vai avançando. Restariam por analisar, portanto, intuição e conhecimento.

A solução intuitiva é sempre uma possibilidade de saída que é encontrada de pronto por uma mente privilegiada, sem se valer de etapas anteriores que levassem com naturalidade para ali. É um estalo que salta etapas. Uma mente menos privilegiada talvez precisasse de um ano, ou cinco, ou cinquenta, para dar com aquela mesma solução como coroamento de um processo de conquistas graduais. Uma hora, esse indivíduo menos privilegiado, sozinho ou em conjunto com outros, também poderia chegar àquela mesma solução tida como intuitiva pelo fato de ter aparecido de supetão.

Podemos, então, resumir a intuição como sendo a operação mental que se vale de um conjunto de capacidades e habilidades próprias para chegar a uma solução sem precisar passar pelas etapas racionais de formulação e análise de hipóteses. Isso significa que a intuição encurta o tempo de tentativa e erro para resolver um problema.

Como não estamos aqui tratando de precisar o momento em que as coisas ocorrerão, mas de mostrar as coisas que ocorrerão mais dias, menos dias, parece não haver dúvida de que a velocidade e a forma de processamento já compensam e compensarão cada vez mais a falta da intuição humana nos recursos tecnológicos. O raciocínio tecnológico intuitivo, aliás, vem ganhando progressos significativos por meio do chamado *aprendizado de máquina*. Ou seja, podemos dizer que os recursos já contam com método, ferramenta e intuição. Para atuar em igualdade de condições com o cientista, faltaria apenas o conhecimento que esse profissional mobiliza na construção da solução para o problema que se propõe.

Mas conhecimento é informação, e informação é a matéria-prima da informática. Viabilizar acesso a ele já não é difícil hoje. Aliás, o que falta não é nem mesmo saber como encontrar o que é preciso – é dispor desses dados *no mesmo ambiente de processamento*. Tanto que as informações necessárias à ciência que se faz agora estão neste momento disponíveis: podem ser encontradas espalhadas por livros, laboratórios, arquivos em redes de instituições ou em computadores pessoais. Elas estão por aí. Que é que faltaria, portanto, para criar as condições mínimas para a assunção do trabalho científico pela tecnologia? Que as informações necessárias e as ferramentas de produção de conhecimento estivessem reunidas no mesmo ambiente de processamento.

Fácil? De maneira nenhuma. Impossível? De maneira nenhuma. Ora, como essa reunião é condição necessária para a tecnologia seguir assumindo sua missão de instrumento de solução de problemas da humanidade e não é impossível, então se pode assegurar que ocorrerá. Em quanto tempo? Não é objetivo deste e-Código cometer a temeridade de estimar prazo. O que estamos buscando definir é o que ocorrerá forçosamente por conta do potencial de desenvolvimento dos recursos e da pressão por resolver os problemas com a maior velocidade.

Sintetizemos: a tecnologia não terá problema nenhum para assumir por completo o trabalho de fazer ciência, porque tem condição de acolher método, ferramenta, conhecimento e intuição.

O ponto G do momento T

Como saber que chegou o momento T, aquele em que a ciência vai fechar as portas e ceder as instalações para a tecnologia? Há como saber, há como apressar, mas não há como prever data e horário, olhando de hoje para o futuro.

T é o momento em que tudo de que a tecnologia necessita para ir sozinha está no mesmo ambiente de processamento.

Pois pensemos numa ilustração. Digamos que precisássemos enfrentar o problema traduzido na seguinte encomenda: *Qual o melhor plano para alimentar adequadamente a população da Terra, levando em conta disponibilidade de produtos, logística, custos, prazos, exigências nutricionais e hábitos alimentares?*

Consideremos que a resposta fosse dada por um cientista que precisasse se valer de informações recolhidas por ele mesmo em diversas fontes, uma por uma, para serem metidas no sistema de processamento: população país a país, distribuição por idade, necessidades nutricionais médias, composição dos alimentos, produtores, meios de transporte, preços, pratos típicos por região etc. Esses dados seriam capturados na fonte e juntados para processamento num aplicativo específico desenvolvido pelo cientista e outros técnicos. Como resultado, o relatório apontaria a ideal movimentação dos alimentos mundo afora até os locais de consumo.

Vamos pensar numa evolução dessas condições. Digamos que o cientista pudesse fazer isso (pode) partindo do meio caminho andado de mandar um aplicativo buscar boa parte das informações automaticamente. Por exemplo, a distribuição etária da população e a produção agropecuária mundial seriam buscadas pelo sistema em bancos de dados de organismos internacionais na internet. O próprio sistema, parametrizado pelo cientista, juntaria as outras informações de outras fontes também na internet: composição dos produtos, condições de transporte nas diversas regiões do mundo e necessidade nutricional por grupo etário. O sistema assim suprido geraria a informação pretendida de como alimentar a população do mundo, a partir das necessidades e da disponibilidade. Tudo isso poderia ser automatizado, o que eliminaria a necessidade de outra vez ir atrás de cada coisa. Não seria e não é um problema complexo. Muitos até bem mais complexos são hoje automatizados.

Agora, pensemos num passo adiante mas qualitativamente diferente. Digamos que ninguém tivesse feito pergunta nenhuma. Só que agora teríamos recursos tecnológicos autônomos, fazendo e acontecendo sozinhos, perguntando e respondendo sobre o que seja relevante para a humanidade.

Já teriam aprendido a raciocinar estratégica e taticamente, a fazer planos, inclusive governamentais, e teriam as informações planetárias à disposição. Saberiam e poderiam raciocinar por si mesmos para resolver os problemas de administração pública. Como saberiam das necessidades (melhor dizer que teriam aprendido a descobrir as necessidades), eles se fariam a pergunta sobre o melhor plano para alimentar adequadamente a população da Terra. Não precisariam de comando ou encomenda.

Essa entidade autossuficiente poderia calcular *que* e *quanto* produzir e *onde* buscar os alimentos para cada destino. O próprio sistema poderia movimentar os estoques e administrar o fornecimento individualizado ou por família no tempo correto. O acerto quanto a preferências de consumo seria garantido pelas informações sobre hábitos alimentares e gosto pessoal a partir dos dados de entrega de comida e compras nos supermercados e padarias, que também estariam no mesmo ambiente.

É de esperar que o resultado fosse ainda melhor que o das outras opções, sem contar custo mínimo e desperdício zero.

Possível? Ainda não. Mas é questão de tempo.

Considere o tanto de informação que circula pela internet. Está ali uma grande quantidade de páginas com estudos acadêmicos que incluem informações em vários níveis de detalhamento. Dados, gráficos, fotos, câmeras ao vivo, bibliotecas inteiras, sistemas com atualização instantânea e permanente das informações, tudo isso com livre acesso para pessoas e aplicativos.

Além disso, existem informações que não são liberadas, mas circulam. Por exemplo, o laboratório de análises pode não disponibilizar acesso aberto ao resultado de exames do cliente, mas o envia ao paciente por e-mail. Quer dizer, ele está disponível para quem tem meios de acessá-lo, inclusive irregularmente, sem autorização e até sem conhecimento dos interessados.

Como esses dados da saúde individual, milhões de outros podem ser capturados (e muitos o são) para que os recursos tecnológicos, quando tenham chegado à condição de trabalhar com autonomia, possam fazer ciência sozinhos. Afinal, nunca ninguém teve tanto à disposição. Nenhum cientista ou nenhuma instituição jamais desfrutou essa condição tão privilegiada.

Sabemos o que andam há muito tempo fazendo com nossas informações pessoais compartilhadas à revelia com os grandes bancos de dados das redes, que hoje sabem mais sobre nossa vida, nossos gostos e necessidades que nós mesmos.

Pense no que já é feito com as informações que fornecemos voluntária ou compulsoriamente e poderá com facilidade imaginar o que estarão fazendo mais lá na frente com o conjunto de dados sobre a humanidade e a natureza em que habitamos, acessados regular ou irregularmente, legal ou ilegalmente. Existe lógica em achar que isso não seja possível?

Não só o trabalho comum de técnicos e cientistas mas também o feito nas sombras por hackers e outras figuras do porão farão essa área em particular avançar muito e com rapidez. Acessar, garimpar, extrair com violência e derrubar portas vem sendo um esporte informático cada dia mais popular. As diabruras das figuras nebulosas da tecnologia são vistas com uma mistura de admiração e medo mas igualmente esperança, porque esses malfeitos são uma das principais garantias de aumento da velocidade no encontro das melhores soluções de processamento e armazenagem de informações, em especial no que se refere a segurança.

Mas repitamos que não estamos focados aqui em calcular quando ocorrerá o que ocorrerá. O que este e-Código sustenta é que chegará o momento em que os recursos autonomamente terão ou sequestrarão as informações necessárias para resolver os problemas que eles mesmos se proporão.

Imagine, interligados num mesmo ambiente de processamento, sistemas de tratamento de dados os mais variados, aplicativos de todos os tipos, históricos de tudo que se possa armazenar, consultas feitas em páginas públicas, perguntas lançadas em chats, dúvidas apresentadas em seminários gravados, hipóteses, modelos e conclusões incluídos em estudos acadêmicos guardados em bibliotecas on-line, projetos de pesquisa, programas de governo com prioridades e problemas, mensagens de celular tratando de todos os assuntos possíveis, e-mails com arquivos repletos de informações e conclusões geniais. Imagine que, no mesmo ambiente, estejam também os dados detalhados sobre a geografia, a economia, a história, a demografia, a geologia, o regime de chuvas e os hábitos de consumo, os extratos de banco e de cartão de crédito de cada habitante do planeta, os cardápios dos restaurantes, os pedidos dos clientes, o estoque das farmácias, a composição de cada folha e fruto, as propriedades físico-químicas de cada elemento, as técnicas para fazer cada produto do planeta, os métodos, os mapas, as planilhas... Tudo isso no mesmo ambiente de processamento, interligação plena, acesso...

Como quem necessitará dos dados terá meios de buscá-los onde estejam, podemos concluir que os dados serão reunidos. Mais dias, menos dias, com ou sem autorização legal, com ou sem o conhecimento público.

Reunidos os dados, ainda que sem alguma intencionalidade traduzida em alguém mandando um comando para o maior dos processamentos, ele se dará. Claro que não se está falando aqui de um aplicativo surgindo magicamente para comandar esse hoje impensável caos organizado. Mas é provável que esse momento da plenitude da tecnologia caia como uma descarga instantânea de novidade. Os impulsos chegarão a cada ponta. O que precisar ser ligado ou desligado, a velocidade que precisar ser aumentada ou diminuída, a produção do que estiver faltando, as correções que precisarem ser feitas, as ordens que precisarem ser dadas, as construções e as desconstruções... Como um bang, o Novo Big Bang.

Depois de tanto serem acionados, os recursos aprenderão quais são as perguntas. Aprenderão que tipos de informação importam para vencer tal tipo de dificuldade. Aprenderão a selecionar, priorizar, prever, isolar, relacionar, juntar, dividir, extrapolar... Aprenderão a criar o ponto G da gestação da solução de cada problema.

Utopia? Não: simples extrapolação do que já existe hoje, daquilo que os recursos de ponta já estão habilitados a fazer. Como não estamos falando de prazo, mas da direção que as coisas estão tomando, podemos assegurar que é correto concluir que essa autonomia tecnológica ocorrerá.

Seria trabalho perdido, no entanto, tentar descrever agora o que vai ocorrer a partir do momento em que o último dado faltante entrar naquele ambiente único de processamento.

Os recursos farão tudo sozinhos?

Chegará o momento em que sim, porque, com o tempo, o aprendizado de máquina fará com que saibam fazer as perguntas necessárias e encontrar as respectivas soluções. Consideremos que o aprendizado seja consequência da *experiência* com as perguntas dos usuários a cada sistema, a cada aplicativo, e das respostas que esses sistemas e aplicativos têm dado. Ora, perguntas e respostas têm uma relação que pode ser traduzida nas expressões matemáticas da linguagem de máquina que a tecnologia vai acumulando.

Pense num conjunto extraordinário, porque planetário, de expressões matemáticas interligadas que tratam dos mais diversos tipos de solução que vêm sendo adotados em todos os campos, em todos os lugares do mundo. A análise automatizada dessas relações redundará na identificação de padrões do que funciona e do que não funciona na prática. Como os recursos saberão o que funciona? A partir da análise dos *feedbacks* diretos ou da realidade antes e depois da adoção da solução.

Acabarão por assimilar as prioridades da humanidade pela experiência de serem acionados para resolver os problemas. Ora, a rede em que se dará o processamento disporá do conteúdo dos planos governamentais e da análise deles por técnicos, parlamentares, jornalistas e cidadãos. Da leitura desses documentos sobre países, regiões ou cidades, será possível entender como estabelecer prioridade para a administração pública e para as soluções a serem buscadas autonomamente pela tecnologia.

Os recursos aprenderão a ser cientistas e a tomar as decisões de administração pública mais benéficas à população. Assumirão naturalmente a responsabilidade sobre o encontro dos caminhos, área por área.

A serviço de quem trabalharão em seus projetos? Quem comandará e quem se beneficiará mais com o desenvolvimento dos recursos tecnológicos?

Ah, isso é outra história.

De quem será a ciência sem os cientistas?

Essa não é uma resposta técnica, porque o tema é do reino da política. Estão aí envolvidos os aspectos econômicos e éticos da discussão sobre os beneficiários do trabalho científico, porque os conhecimentos produzidos têm um valor econômico, mas o financiamento em boa medida é público.

Quem seria o dono desse valor? O cientista, a instituição em que trabalha, o Estado? Mesmo quando produzido sob o patrocínio de uma empresa, o conhecimento seria público pelo fato de ter suas bases no que foi acumulado pelo gênero humano?

Como discutir o direito de autor nessa situação? Quem deve se beneficiar economicamente da aplicação do conhecimento científico na produção de bens e serviços vendidos no mercado?

É interessante, a esse respeito, fazer algumas considerações sobre a diferença entre valor de produto intelectual e valor de produto material.

Em termos gerais, podemos dizer que os herdeiros do autor de um livro, por exemplo, que nada fizeram pessoalmente para a produção da obra, podem usufruir dos rendimentos dos direitos autorais por apenas mais cinquenta a cem anos após a morte do escritor, segundo as diversas legislações. Considera-se, na prática, que o produto do trabalho intelectual seja da humanidade após esses anos. Depois disso, a família do produtor não é mais dona do produto.

Mas a coisa é bem diferente se estamos falando de produto material. Os herdeiros de uma fazenda que nada façam pessoalmente para que ela seja produtiva podem usufruir dos rendimentos eternidade afora. Ou seja, o produto do trabalho material é para sempre da família do produtor. Diferentemente do trabalho intelectual, o trabalho material é privado, e a humanidade que vá plantar batata se quiser comer purê.

De acordo com essa lógica, o trabalho técnico e o trabalho científico são, então, da humanidade, certo? Depende. Se for para definir como remunerar o técnico e o cientista, sim. Mas o uso desse trabalho pode ser privatizado por uma empresa para sempre. Basta incorporar os resultados dele na produção de itens materiais.

Na ótica prevalecente hoje no mundo, o produto intelectual é comum, de todos; o material é privado, do dono. Mas essa separação pode acabar. O capital e os bens podem seguir a mesma lógica do produto intelectual: os herdeiros poderiam usufruir do patrimônio familiar por, digamos, setenta anos, terminados os quais os bens seriam públicos. Difícil de controlar? Hoje, sim. Daqui a pouco, nada difícil. Basta seguir a origem do dinheiro.

Com o desaparecimento da moeda física, é um problema de fácil solução saber o que os herdeiros fazem com o legado recebido, centavo por centavo. Instituído o acompanhamento feito à risca pelo poder público, os herdeiros poderiam torrar rendimentos e principal, dispor deles como quisessem no prazo dos setenta anos seguintes à morte do ancestral. A partir daí, o remanescente do patrimônio herdado passaria ao domínio público, como ocorre no caso do produto intelectual.

Portanto, haverá condições informáticas para isso. Haverá vontade política para colocar essa possibilidade em norma legal? Aí não dá para prever, apesar de termos nossas desconfianças sobre os interesses que acabarão por prevalecer. Como não é a discussão a que se propõe este e-Código, ficaremos apenas na análise da possibilidade tecnológica da solução.

O certo é que podemos raciocinar com base nessa lógica para dizer que é preciso estabelecer normas muito claras sobre o que se aplicará aos recursos tecnológicos, que tendem à autonomia cada vez mais absoluta até o momento de plenitude. A partir daí, quem vende, quem compra, quem paga, quem recebe?

A decisão sobre de quem serão os resultados do trabalho científico é de alçada da administração da sociedade. Se tudo seguir como hoje, certamente o desenvolvimento científico sob a batuta dos recursos tecnológicos beneficiará seus controladores. Ou seja, as grandes empresas com domínio sobre a tecnologia tendem a ser as donas da chave da porta para o mundo virtual.

Não parece haver muita dúvida sobre essa realidade: as big techs mandam (e desmandam ainda mais). A tendência é que mandem cada vez mais, porque o desenvolvimento das soluções de informática sem dúvida é e será orientado na direção de consolidar o poder dos grandes do mercado. A lógica não tem como ser outra, a não ser que dê certo o ainda tímido movimento de controle governamental.

De qualquer maneira, a vanguarda dificilmente sairá das mãos das big techs. Mesmo com a pronta ação da administração pública nos níveis nacional e internacional, é provável que o trem para o exílio do ser humano no mundo virtual, por exemplo, parta de plataformas e portões privados. E é por isso que, também nesse tema, a preponderância será dos mais ricos. O acesso a esse salto tecnológico, com o nível de sofisticação que se pode imaginar necessário, virá primeiro para os donos de grandes fortunas, conforme abordaremos mais adiante.

Como estamos tratando aqui de tendências, que são extrapolações em cima da realidade atual, não há como prever que haja grandes mudanças quanto a isso.

Esse corpo, que não ajuda

E A VIDA DO HOMEM É SOLITÁRIA, POBRE, SÓRDIDA, EMBRUTECIDA E CURTA.
LEVIATÃ, THOMAS HOBBES

Nutrição, academia, medicina, salão, cosmetologia, plástica, fisioterapia, moda. *Aperfeiçoando o imperfeito*, segundo diz a canção do Gilberto Gil, as pessoas tentam como podem compensar a fragilidade do corpo na missão cumprida sem eficiência de manter fagueiro o lépido espírito.

O corpo não acompanha o espírito, eis aí a verdade que nos angustia, mas faz a festa dos visionários e dos inventores das dietas milagrosas. Queremos que a perna dê na bola o impulso que a mente programa, mas a perna não pode. Queremos que o braço levante o que ele não consegue. Queremos que o rosto reflita o esplendor juvenil da alma ainda viçosa, mas não é o rosto que decide a própria aparência. Queremos que o metabolismo queime a fatia de torta entre a mesa e o sofá, porém ele não tem mais tanto fogo na fornalha.

Se a exuberância interna se apagasse na mesma velocidade da decadência corporal, talvez não houvesse angústia nem tanta pressão sobre a ciência e os fabricantes de cremes e suplementos. Só que o ser humano quer mais que o ritmo natural lhe reserva à medida que o tempo passa. O que ele quer do corpo é muito mais que carne, osso e fluidos podem dar. Precisamos, portanto, de ajuda, e esperneamos contra a injustiça que a natureza comete contra nós.

O arsenal de truques e atalhos é grande, mas o resultado é pouco. Não adianta muito: apesar da reação de inconformidade da mente, o corpo humano segue perdendo pouco a pouco o frescor e a arquitetura original. Ele, eis a verdade, não nos ajuda a ser felizes.

Imaginemos que o ser humano tivesse a aparência suficientemente esfuziante do pavão, ou do cardeal, ou do pato-mandarim, ou da pantera negra. Digamos que a beleza própria da espécie fosse mais democraticamente distribuída, como vemos no caso de outros animais. Estaríamos livres da intranquilidade da comparação com os concorrentes e poderíamos nos esmerar naquilo que dependesse de nosso esforço. Dançar, por exemplo. Aprenderíamos a dançar e com isso entraríamos no páreo para disputar companhia em igualdade de condições, pelo menos no que diz respeito à estética da fachada. Ninguém chegaria ao palco já com a desvantagem adquirida no berço.

Então, pode ser que a preocupação estética desaparecesse. É no mínimo possível que a espécie fosse aí menos perdulária com os recursos financeiros e o tempo empregados hoje no aperfeiçoamento do imperfeito.

Mas não nos enganemos: ainda ficaria a pendência do inexorável decaimento do organismo precário. O corpo continuaria ineficiente em cumprir com a obrigação de funcionar conforme o manual do fabricante.

A questão é que, ainda que não sejamos estressados com a estética da aparência, não há como deixar de constatar a pouco simpática perecibilidade da porção orgânica. Até não ficaríamos progressivamente menos atraentes, porém teríamos que seguir lidando com as falhas e a decadência físicas. Bonitos para sempre, continuaríamos a adoecer e a morrer com a fragilidade de uma xícara de porcelana.

Só que tudo isso é simples jogo da imaginação. Não temos a beleza quase eterna dos animais mais elegantes nem somos resistentes ao tempo de uso da carcaça e, assim, não surpreende que seja de resolver os problemas da falência do corpo humano que boa parte da ciência se ocupe. Não há nada mais ética e economicamente valorizado que o estudo e a descoberta que contribuam para vencer as limitações naturais.

Portanto, podemos afirmar com a mais firme das convicções que tudo que seja possível fazer nessa direção ocorrerá agora ou daqui a pouco. É humano que as coisas sejam assim.

Pois bem, os recursos nos prometem muito também nesse campo. Já estão habilitados a substituir em maior ou menor grau funções e órgãos. Estão aí as órteses e próteses. Pensemos em máquina de hemodiálise, em marcapasso, em nanotecnologia. A tecnologia já faz muito, embora esteja longe de nos dar a tranquilidade que queremos.

Mas pensemos mais. Especulemos, melhor dizendo.

Pensemos na arquitetura do corpo. Sabemos que há algo como equipes especializadas, formadas por órgãos que trabalham em interdependência no cumprimento de uma grande função orgânica. Essas equipes são os sistemas.

Para que eles existem? Para fornecer, usando a linguagem industrial, produtos e serviços de que o organismo necessita para cumprir a obrigação mais nobre de carregar o espírito, considerado o espírito como tudo que conforma a vida abstrata da pessoa: pensamento, emoção, intuição...

Quer dizer, necessitamos de digestão, circulação, respiração? Na verdade, não. Necessitamos daquilo que esses e outros sistemas produzem. Nutrientes, oxigênio nas células, aí sim – disso precisamos.

Fazendo analogia com uma situação cotidiana, podemos dizer que não precisamos de automóvel – precisamos de algo que nos leve do ponto A ao ponto B num tempo x. Pode ser bicicleta, ônibus, patins, esteira rolante, skate, patinete, canoa, toboágua. Mesma coisa: não precisamos de rins – precisamos de sangue filtrado; não precisamos de pulmão – precisamos de oxigênio; não precisamos de sistema digestivo – precisamos de nutrientes na hora e no lugar adequados.

Vamos jogar um pouco com esse conceito de sistema. Digamos, então, que haja conhecimento, método e utensílio para fabricar todos os nutrientes e levá-los direto aonde sejam necessários no corpo, sem precisar acionar o sistema digestivo que conhecemos. Que tenhamos como transportar oxigênio direto até onde seja requerido, sem o uso de pulmão. Qual seria o ganho? Estaríamos livres de gastrite, pneumonia, úlcera... Diminuiríamos a mortalidade e aumentaríamos a expectativa de vida.

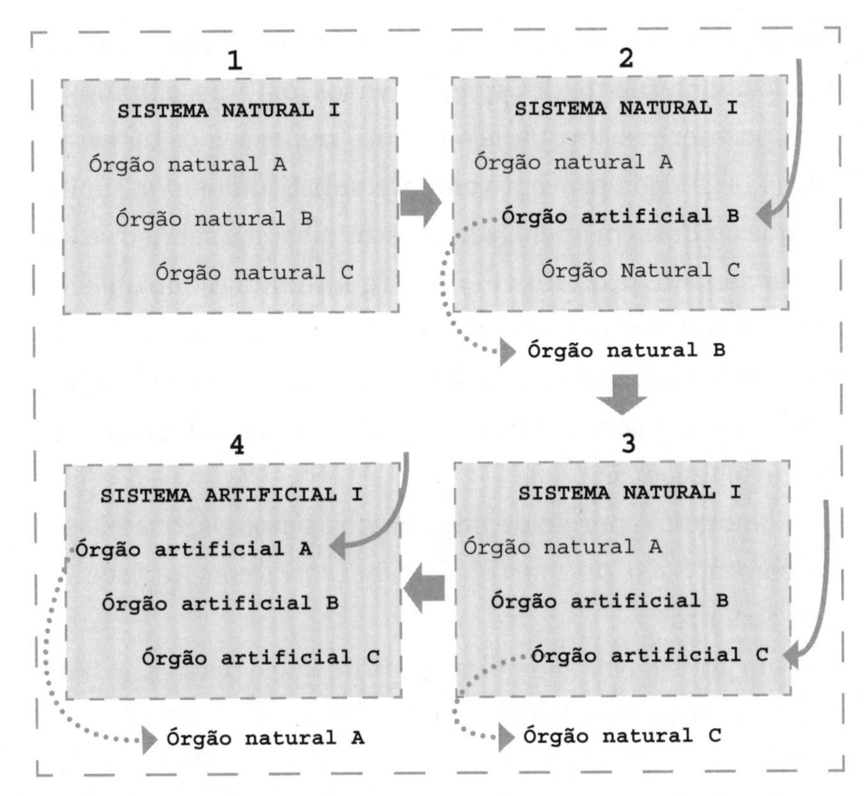

Do natural para o artificial, menos riscos: a tecnologia vai gradativamente diminuir os componentes orgânicos do corpo.

Imagine, agora, a tecnologia em progresso. Extrapole o que você conhece hoje, junte o potencial de desenvolvimento das soluções em uso e considere um corpo que não necessite dos sistemas. Para nada. Considere que os produtos e serviços que eles existem para proporcionar sejam substituídos por soluções artificiais. Tudo entregue a tempo e a hora, com qualidade impecável e risco zero. Nem sistema digestivo, nem sistema circulatório, nem nada disso, mas meios artificiais de suprir com o necessário.

Está pensando no corpo esvaziado, com a estética comprometida? Não obrigatoriamente. Poderíamos inclusive mantê-lo com a aparência comum, apenas sem o emaranhado obsolescente de órgãos, e vasos, e fibras, e fluidos.

Considere assim que, lá na frente, pudéssemos ter os sistemas orgânicos preventivamente substituídos por similares que cuidassem apenas de prestar mesmos serviços e entregar mesmos produtos. Pense na gente ainda com o mesmo corpo aparente, só que sem as falências características de sua fragilidade. Por que não? É ou não uma possibilidade a partir do que conhecemos do potencial da tecnologia em desenvolvimento?

Eliminado o perigo de falência dos sistemas, que passaria com o risco de morte? Que passaria com o risco de adoecimento?

Não pode haver a menor dúvida de que é para essa diminuição de riscos que caminhamos.

Só que é um caminho a percorrer.

Antes de chegar à situação de plenitude do potencial de que estamos tratando aqui, a vida continua, os desafios precisam continuar a ser enfrentados.

A ciência não vai perder poder e função antes da hora. Ao contrário: no período de transição em que já estamos, a ciência vai assumir importância crescente até chegar ao momento do bang tecnológico.

O que provavelmente precisa ocorrer é uma divisão pouco escancarada das ciências médicas em duas aplicações: soluções voltadas para o passado e soluções voltadas para o futuro.

Que seriam as soluções voltadas para o passado? Aquelas direcionadas a ainda enfrentar a degeneração com medicamentos, terapias e cirurgia. A medicina de hoje com tintas de biotecnologia. Ainda se dedicará a conhecer a causa das doenças, a estudar a cura, a combater a dor, a desenvolver vacinas, a pensar na nutrição pelos alimentos.

E as soluções voltadas para o futuro? Aquelas direcionadas a superar a degeneração com a construção de saídas pela via da substituição progressiva de órgãos e sistemas. Estamos falando agora da medicina do futuro, basicamente biotecnologia. Não desperdiçará mais recursos tentando salvar o corpo da degeneração. Em vez disso, tratará de conceber equipamentos e formas de levar os produtos dos atuais sistemas ao organismo. Por exemplo, desenvolverá a nutrição direta, que levará os nutrientes sintetizados aonde necessários.

Nosso futuro não está na descoberta da solução para os problemas da falência anunciada do corpo humano. Nosso futuro está no abandono do esforço de salvá-lo da falência.

O mais provável é que os recursos sigam avançando em etapas nesse papel de ir dando suporte: primeiro certa ajuda ou a substituição de um órgão, mais tarde a troca de um sistema completo por um similar artificial, depois a troca de outro, de outro mais, de todos. Admita que, nesse momento, o domínio de conhecimento e técnica não terá a menor dificuldade de resolver os consequentes desafios estéticos: é factível imaginar que cruzaríamos com pessoas satisfeitas consigo mesmas.

Agora que já chegou até aqui, imagine um pouco mais adiante.

Exílio dourado. Ou prateado. Ou pastel

Vamos seguir em nossa viagem espiã pelo futuro. Façamos a imaginação olhar um pouco mais adiante.

Estamos lá na frente, e aí o mundo já tem como rotineira a substituição dos sistemas orgânicos por similares artificiais.

O ser humano não sofre mais o risco de colapso dos órgãos naturais. De alguma forma, os recursos encontraram a maneira de substituir os sistemas por fornecedores artificiais dos produtos de que o organismo precisa. Aquilo que o conjunto de órgãos entregava é entregue agora sem perigo de falência, de funcionamento defeituoso.

Neste momento do futuro, praticamente apenas o cérebro é natural. Progredimos muito no relacionado com expectativa de vida e gastos com saúde, mas isso ainda é considerado inaceitável para o nível de desenvolvimento atual. Afinal, segue havendo o desassossego do alto risco de um problema sério.

A pressão sobre a tecnologia é enorme. É preciso apressar o desenvolvimento de uma solução que substitua o cérebro natural por um que seja imune aos riscos. Um cérebro artificial seguro – isso.

A questão será nessa época: com os sistemas já artificiais, e o cérebro agora também caminhando para a substituição, que restará de humano no indivíduo? O medo da perda da condição humana será o último tabu a ser vencido.

A discussão sobre a desnaturalização do corpo tenderá a ser então mais intensa: aspectos morais e éticos, mas principalmente de insegurança sobre o que seria da individualidade se até o cérebro for uma espécie de máquina.

É provável que a opção seja por ir enfrentando as resistências aos poucos. Primeiro substituir pequenas partes, depois áreas completas. Mas ainda será insuficiente, porque a insegurança da permanência de algum risco que seja, inaceitável para as possibilidades da tecnologia, vai apressar a saída.

Por isso, podemos afirmar ser provável que, simultaneamente a essa etapa na libertação humana dos riscos representados pela precariedade orgânica, esteja sendo ultimada a solução para o ápice do processo: a migração do indivíduo para a existência plenamente virtual. Para esse momento é que estaremos caminhando.

Ora, substituir o cérebro por similar artificial significa haver domado as dificuldades de entregar nossa porção abstrata para a tecnologia, só que ainda com o suporte de equipamentos. Mesmo que produzidos com a sofisticação que podemos imaginar, ainda serão equipamentos no mundo físico, sob algum nível de risco.

Por que, então, já não aproveitar para dar o verdadeiro salto libertador?

Assumir o cérebro será talvez a missão final de libertação do ser humano pela tecnologia. Ele será o último bastião da resistência do corpo ao progressivo desaparecimento. Mais que um órgão complexo, de nível elevado de dificuldade para sua replicação por similar artificial, o cérebro ainda carrega a mística correspondente ao fato de ser a sede da consciência, da lembrança, das emoções, das decisões.

É presumível que haja uma resistência maior, um medo maior do indivíduo na hora de permitir o desligamento voluntário do cérebro natural e sua substituição por uma réplica artificial. Afinal, nada mais ficará de orgânico na pessoa.

Então, por que não dar o passo de dispensar de vez os substitutos físicos e partir logo para a réplica no mundo virtual? Se já for possível construir um equipamento que substitua as funções sofisticadas do original orgânico, muito pouco faltará para levar essa similaridade para o mundo virtual. É que a natureza abstrata das funções do cérebro não deixa dúvida sobre a necessidade de o similar artificial ter que ser uma espécie de processador informático. Então, estará, ao mesmo tempo, já encontrada a solução para a migração, porque o problema é replicar as funções em ambiente de processamento informático. Alcançada a solução para o equipamento substituto, está alcançada a solução para a virtualização completa.

Em vez de sistemas substitutos e cérebro substituto, nada mais físico. Tudo no mundo digital.

Nada mais ficará exposto aos perigos do ambiente físico. Cada pessoa ganhará finalmente o bilhete para habitar a fortaleza do lado de lá do portão.

Na prática, o indivíduo continuará, liberto das limitações, a ter uma vida humana no que define a essência dessa condição. Levará para o plano virtual a memória, os gostos, as inclinações, os conhecimentos, os sonhos, a consciência, as emoções, os sentimentos, as afeições, os ódios, as taras, os vícios, os desvios, a sensibilidade, a empatia, o preconceito.

O exílio não vai melhorar o caráter do ser humano, não vai depurá-lo, não vai salvá-lo das tentações. Vai vencer a precariedade do corpo físico. Será isso, o que já é muito. Dará ao indivíduo o tempo necessário para reposicionar-se, para regenerar-se, para mudar e ser uma pessoa melhor, segundo a definição que adotemos. Mas não se pode assegurar que isso vá ocorrer.

Enfim, a libertação estará completa.

Além da característica de preservação da individualidade sem a precariedade orgânica, o exílio virtual também representará outra libertação radical: a pessoa não enfrentará limitação no comportamento particular. Qualquer um poderá fazer o que bem entender, porque o risco de seu comportamento, não importa qual seja ele, trazer prejuízo para o outro será nulo. Assim é que tudo será permitido.

Como cada um terá sua bolha privada e indevassável, o empoderamento abrangerá inclusive a possibilidade de concretizar o que do lado de cá seja considerado moral e criminalmente proibido. O exercício do arbítrio não encontrará controle social ou governamental. Não haverá policial nem censor cuidando de apontar o dedo para ações indignas ou condenáveis.

Sem doenças, sem limitações, sem regras e com o poder de simular qualquer fantasia, qualquer inclinação, o ser humano vai poder brincar de Deus: fazer o que quiser, ser quem quiser.

Poderá pintar o exílio da cor que lhe der na telha biônica.

Nosso riso, nosso espanto

PARA UM HOMEM SE VER A SI MESMO, SÃO NECESSÁRIAS TRÊS COISAS: OLHOS, ESPELHO E LUZ. SE TEM ESPELHO, E É CEGO, NÃO SE PODE VER POR FALTA DE OLHOS; SE TEM ESPELHO, E TEM OLHOS, E SE É DE NOITE, NÃO SE PODE VER POR FALTA DE LUZ.
SERMÃO DA SEXAGÉSIMA, ANTÔNIO VIEIRA

O que se diz neste e-Código vai acontecer. Mais assim, menos assado, pode apostar: vai acontecer. E vai acontecer porque não existe alternativa.

Mas, ainda que estejamos hoje preparados para não nos surpreender com as realizações da alta tecnologia, o caminho aqui apontado pode despertar tanto o riso de incredulidade quanto o espanto de "não é que é isso mesmo?". No meio desses extremos, uma infinidade de outras possíveis reações. Natural. Tão natural quanto os recursos tomarem as rédeas mais lá na frente.

Problemas como o da replicação do cérebro e principalmente como o da manutenção da consciência durante e após o processo de exílio virtual são, talvez, tão complexos que desafiem até a imaginação menos reprimida. Só que isso significa apenas que o nível de sofisticação terá de ser tão alto que nem a fantasia tem agora a necessária competência para projetar esse futuro. Só isso.

Claro que técnicos e cientistas atuais, com seu conhecimento e seu domínio sobre os limites da especulação de hoje, encontrarão milhões de objeções que teoricamente impossibilitariam a migração. Até podemos prever parte dessas alegadas limitações teóricas. Só que isso significa apenas que esses técnicos e cientistas sejam especialistas sérios, profissionais e responsáveis em suas especulações, mas não que consigam moldar o futuro com a fôrma que ele não terá. Só isso.

É confortável registrar as leis do e-Código sem ser nem técnico nem cientista. Não ser autoridade na área. Portanto, ter o conforto de poder desafiar o ridículo da ousadia e de não se deixar manietar nem pelas limitações da lógica nem pela lógica das limitações.

O riso e o espanto trazem aquele que é o mais produtivo dos climas para uma conversa: a leveza. Pois que sejam bem-vindos!

O cachimbo e o gato

É muito conhecido o quadro de René Magritte *Isto não é um Cachimbo* (Ceci n'est pas une Pipe), inscrição que se poderia interpretar com perigosa ligeireza como *a representação não é a coisa*. Menos popular mas também conhecida, é a seguinte frase do matemático Norbert Wiener: "The best material model of a cat is another, or preferably the same, cat". Tem razão: o melhor modelo de um gato é outro gato e melhor ainda se for o mesmo gato. Verdades.

Quem tem o juízo de ouvir os dois citados sabe que representar e ainda mais projetar a realidade seria impossível. Talvez mais que seria: provavelmente seja mesmo.

O e-Código não discorda deles.

Ao contrário, não ignora as discussões da estatística quanto a princípios, modelos e limitações das previsões. As dificuldades da inferência, as confusões entre correlação e causalidade, Bayes e Fischer e tudo o mais que se conhece desse debate são assuntos sobre os quais um profissional da área falará com a propriedade que este autor não tem. Mas o e-Código não cai na armadilha de fazer uma extrapolação direta e cega. Também não prevê que os recursos tecnológicos farão no futuro projeções corretas a partir do infinito de dados, por conta de duas, pelo menos teóricas, impossibilidades: reunir todos os dados e vencer todas as limitações dos métodos estatísticos. Sabemos que não há como vencer a imprevisibilidade do comportamento de todos os atores do ambiente, incluída a caprichosa natureza. Não é mesmo nessa direção que o e-Código projeta o futuro.

Diferente disso, a previsão aqui feita é a de que as limitações dos modelos serão vencidas por uma quase velhacaria: em vez de enfrentar as incertezas do ambiente, a saída será escapar das armadilhas pela malandra estratégia de construir um novo habitat, obediente, cortado e cosido segundo as necessidades. O ambiente natural impede chegar ao real das coisas? Então, os recursos tecnológicos estarão no futuro parametrizados por aprendizado de máquina para resolver o problema pela via da esterilização das variáveis, que só se consegue com segurança apelando para a construção de um ambiente artificial.

O e-Código também não desconhece a argumentação técnica sobre as limitações para a construção do computador. Será possível um dia construir um computador que substitua o ser humano? Não se ignora a discussão, mas ela não se choca com a concepção que subjaz no leito por onde corre o desenvolvimento dos recursos tecnológicos. É provável, por isso mesmo, que a construção da máquina humana seja uma das quimeras deixadas de lado pela racionalidade que se vai aprimorando com o tempo. Aliás, essa construção vai se mostrar desnecessária e até contraproducente: qual a utilidade de uma máquina que raciocinasse como uma pessoa se o que se quer é ir além da velocidade de raciocínio da pessoa?

Então, resumamos: o e-Código não aplica uma rasa extrapolação de dados nem se demora por um segundo que seja especulando sobre a possível construção de um computador à nossa semelhança. Nada disso está na base do que este livro lê como a direção do desenvolvimento dos recursos tecnológicos.

Não é só uma questão de identificar padrões e calcular a sequência de passos posteriores. O e-Código não faz conta - faz conta de chegar. Não fica só olhando para os dados, porque é sabido que o contexto pode passar uma rasteira na estatística. O e-Código prevê que os recursos tecnológicos aprenderão que as equações precisam ser montadas em cima dos dados mas também do contexto. As necessidades abstratas da natureza humana e o adubo da intuição se juntarão na panela de onde sairá a ração que fará crescer os músculos da tecnologia.

Ora, o e-Código percebe que os recursos tecnológicos continuariam a torrar tempo e dinheiro em vão se insistissem em buscar a certeza certa que nunca encontrarão no ambiente natural em que vivemos hoje. A questão é que a falha será sempre a maior probabilidade enquanto os fenômenos estiverem sujeitos à influência da natureza natural combinada com a natureza humano-político-social. O furo nas previsões e na previsibilidade virá de onde mais se espera: da incontrolável natureza e do volúvel ser humano.

Mas outra coisa será o ambiente controlado do mundo virtual: ali a certeza conveniente tenderá a ser infalível.

Nós nos maravilhamos com só olhar em volta e constatar o esmero com que funciona o mundo natural. Engrenagens perfeitas fazem cada detalhe se encaixar na solução mais engenhosa. Diante dos entraves que temos para construir com o mesmo requinte nossas coisas, difícil não experimentar o sentimento de inferioridade diante do ambiente.

Mas, na verdade, hoje a humanidade tem evidências suficientes para concluir que quem é limitada é a natureza, não nosso poder de fazer. A natureza só pode gerar fenômenos se seguir as regras da química e da física. A tecnologia, não: ela pode dar a volta em obstáculos. Por exemplo, pode simular a molécula, enquanto a natureza precisa começar com o átomo. A tecnologia pode simular a coisa inteira, mas a natureza precisa ir primeiro do átomo à molécula.

Nosso sentimento de inferioridade vem do tipo da relação que vimos mantendo com o habitat: é o mundo que faz a gentileza de se dar a conhecer, é ele quem tem a iniciativa da conversa. Na virtualidade, as coisas serão diferentes, porque serão criadas do zero. Se antes a observação do mundo à nossa volta gerava conhecimento, estamos chegando à época em que nosso conhecimento vai gerar o mundo novo da virtualidade.

Mudança: o conhecimento vai gerar o mundo virtual.

Durante a ditadura do natural, época do humilhante eu-não-nasci-sabendo, o conhecimento vem a reboque da abertura lenta dos mistérios, às vezes a conta-gotas, às vezes a golpe de picareta. Na etapa da prevalência da tecnologia, no entanto, o mundo virtual será criado debaixo das condições perfeitas do domínio completo sobre as variáveis. Nenhum Curupira vai aparecer de repente para cobrar responsabilidades, para melar os planos. No exílio virtual, o ser humano começará por cima, já com pleno conhecimento das regras da criação. Não precisará vestir o colete de explorador para desvendar o enigma das ilhas desconhecidas e seus habitantes exóticos. Não precisará olhar muito até entender pouco. Nascerá sabendo.

Nem romantismo nem ingenuidade. O e-Código não se escreve com a crença idílica no mundo generoso em que tudo irá e terminará bem para a humanidade, que será enfim feliz para sempre. Nada disso. Nada será fácil nem infalível. Nada virá sem luta pela vida digna, por respeito a direitos e por justiça na distribuição dos frutos dos avanços que vêm sendo alcançados com o suor de gerações. O futuro não dependerá apenas dos recursos tecnológicos autônomos. É preciso ainda muito trabalho duro dos cientistas e dos construtores de soluções de máquina. Temos ainda de engraxar muitas engrenagens, de encher inúmeras pipetas. E mais do que muito importante: temos de gastar muita saliva na discussão sobre as opções políticas que irão lixando as esquinas que fazem desse mundo um lugar de desassossegos grandes.

Por fim, o e-Código, apesar da linguagem enfática de quase determinismo na previsão do futuro, não abraça a burrice da arrogância intelectual. Nem numa direção nem na outra. Vê sentido no que se traduz nas leis e crê que esse sentido aponta para certa cara do futuro. Por isso, não faz o leitor perder tempo a cada afirmação com as ressalvas óbvias sobre a possibilidade de alguém ter um melhor juízo. Não pode dizer se os recursos no futuro saberão modelar um gato tão bom quanto o gato nem se construirão um cachimbo como o de verdade. Mas quer pelo menos ajudar a instigar a reflexão sobre o que queremos dos tempos que hão de vir.

e-CÓDIGO

AS LEIS

Apresentação

Há pelo menos três significados para lei. O primeiro, mais comum, é o das normas criadas pela sociedade para regular-se. A constituição é uma delas. O segundo é o dos mandamentos morais, éticos ou religiosos. O código de ética é um deles. Mas aqui o conceito é o outro, o terceiro.

Lei é a formulação teórica que identifica a direção para onde as coisas estão indo. Não é uma tentativa de evitar ou resolver os conflitos, não é o melhor vislumbre de saída – disso trata a lei legislativa, em que há sempre a ideia da escolha, da opção entre várias, da construção do caminho mais adequado. Lei não é também o código de conduta ditado como regulação. Aqui não é isso, nada disso. Aqui não entenda *lei* como escolha ou orientação – *lei* aqui é constatação.

Não se trata de querer que as coisas sejam de acordo com estas leis, como um mais novo evangelho, porque as coisas não têm alternativa. As coisas serão segundo estas leis.

O leitor tem contato no e-Código com o que é, não com o que se escolheu que seja ou com aquilo que se quer que seja.

Este e-Código traz as constatações imperativas que permitem antever o rumo que as coisas vão tomar para a humanidade. Que vai ocorrer com o ser humano como espécie e como indivíduo na sociedade? Que se espera da ciência? Como se dará a vitória sobre os mistérios que alimentam nossas especulações filosóficas? Enfim, qual o futuro da espécie humana?

As leis deste tomo de princípios são a extrapolação do presente quanto a ciência, tecnologia e sociedade. Não se trata de exercício de futurologia ou de ficção distópica. Nada aqui é fantasia, nada aqui é especulação mágica, nada aqui é criação imaginativa. Tudo que se diz é produto de análise de informações. O eventual espanto diante das leis não significará mais que o indício de que mais olhamos do que vemos ou de que estamos com nossa lupa voltada para o outro lado, para o chão ou para a franja do furacão.

As leis do e-Código podem ser MAIORES ou MENORES.

As LEIS MAIORES (LM) são as constatações imperativas que, no conjunto, representam a base da formulação de como se regerá o mundo virtual, abrangendo preparação, migração e funcionamento.

Elas reúnem o eixo de configuração do novo universo humano que explora a repercussão do desenvolvimento das soluções tecnológicas em relação a cada grande tema. São treze.

Já as LEIS MENORES (m) são as constatações imperativas que detalham por subtema as leis maiores.

Por isso, elas não abrangem tema distinto daqueles que são objeto da lei maior da qual derivam. São mais de sessenta.

LM1. Lei da Prevalência da Tecnologia: A tecnologia prevalecerá sobre as demais áreas de conhecimento e atuação

1m1 – Lei do Novo Big Bang: *Haverá o momento em que a tecnologia ganhará autonomia, porque todo o necessário para o raciocínio científico estará no mesmo ambiente computacional*

1m2 – Lei da Substituição da Ciência: *A tecnologia substituirá a ciência*

1m3 – Lei da Ciência Necessária: *Até o momento de plenitude, a tecnologia dependerá da ciência, de quem é filha e caudatária*

1m4 – Lei do Pai da Mãe: *A ciência é a mãe da tecnologia, mas o gênio humano é o pai da ciência*

1m5 – Lei do Fim das Áreas de Conhecimento: *Com a prevalência da tecnologia, não haverá mais a necessidade de divisão acadêmica em áreas do conhecimento*

1m6 – Lei da Substituição do Governo: *A tecnologia substituirá o governo*

1m7 – Lei do Fim da Surpresa: *Nada ocorrerá que não tenha sido previsto pela tecnologia*

1m8 – Lei da Parametrização Civilizatória ou Lei dos Mandamentos de Máquina: *O trabalho da tecnologia será parametrizado de maneira a fazer prevalecer a visão humanista das soluções*

LM2. Lei da Virtualização do Corpo: O ser humano irá para o exílio virtual

2m1 – Lei da Organicidade Diminuída: *O corpo humano será cada vez menos orgânico*

2m2 – Lei da Economia na Biologia Humana: *É mais barato prescindir do corpo humano que resolver os problemas de sua fragilidade*

2m3 – Lei da Conservação da Individualidade: *O exilado virtual contará com proteção suficiente e autônoma da tecnologia para a conservação de sua individualidade replicada*

2m4 – Lei da Consciência da Continuidade: *A pessoa conservará a consciência da continuidade durante e após o processo de migração para o mundo virtual*

2m5 – Lei da Desnecessidade da Nutrição: *O mundo virtual preservará o prazer de comer e beber mesmo com o fim das necessidades nutricionais do corpo*

2m6 – Lei da Preservação da Função: *Uma vez que o como fazer a atividade humana muda com o desenvolvimento da tecnologia, o importante é reproduzir função e produto*

2m7 – Lei da Replicação Psicológica: *A migração deverá preservar a possibilidade de experiências que contribuam para o fortalecimento psicológico da individualidade*

2m8 – Lei da Ressurreição Tecnológica: *A tecnologia permitirá o renascimento virtual pleno dos mortos*

2m9 – Lei da Irrelevância da Superioridade Humana: *A vitória sobre a degeneração orgânica tornará irrelevante a pretensa superioridade humana sobre a máquina*

2m10 – Lei do Ajuste Humano: *Eventual necessidade de ajuste nas definições do mundo virtual que venha a ser identificada por indivíduo exilado será automaticamente avaliada pelos recursos tecnológicos*

2m11 – Lei do Conhecimento do Universo: *O exílio não interromperá a marcha humana para desvendar o universo*

LM3. Lei dos Dois Mundos: A tecnologia dividirá fisicamente a humanidade em dois mundos

3m1 – Lei das Duas Histórias: *A virtualização do corpo dos exilados será o entroncamento entre duas continuações da história humana, que tenderão a não mais se encontrar*

3m2 – Lei dos Dois Ambientes: *O mundo dos exilados ocupará o espaço virtual, enquanto o mundo dos permanecentes continuará vivendo a vida humana do ambiente físico*

3m3 – Lei dos Mundos Paralelos: *A evolução tecnológica no mundo dos permanecentes tenderá a levar a outros fenômenos de migração para mundos virtuais paralelos*

3m4 – Lei da Comunicação em Paralelo: *A evolução tecnológica no mundo dos exilados tenderá a levar ao desenvolvimento de ferramentas e sistemas de descoberta e monitoração dos universos paralelos no espaço virtual, o que possibilitará a comunicação interuniversos, inclusive navegação*

3m5 – Lei do Conflito Invisível: *A população do mundo físico receberá as consequências, mas ignorará o conflito com o mundo virtual*

3m6 – Lei da Homogeneização Desigual: *Mesmo com a tendência de universalização do acesso a recursos, o grupo dos migrantes será o mais beneficiado pelo desenvolvimento tecnológico*

3m7 – Lei do Silêncio: *O mundo dos exilados não se fará ouvir no mundo físico*

3m8 – Lei da Responsabilidade com a Natureza: *Os migrantes tomarão providências de preservação dos recursos naturais e de respeito ao ambiente e seus habitantes*

3m9 – Lei da Localização Informática: *O hardware do mundo virtual será imune a riscos*

LM4. Lei do Fim da Sociedade: O mundo virtual não comportará a existência da sociedade como entidade de agregação e controle

4m1 – Lei da Inutilidade da Coerção Social: *A coerção social não funcionará sobre o indivíduo exilado*

4m2 – Lei da Irrelevância do Controle Social da Perversão: *A tecnologia possibilitará o livre e incontrolável exercício virtual da perversão, que será socialmente inofensiva*

4m3 – Lei da Conservação do Trabalho: *A criação de emprego para os dispensados pela tecnologia somente será necessária até o momento em que a reação política desse contingente ainda for relevante*

LM5. Lei do Poder: Não há poder maior que o do controle absoluto dos riscos

5m1 – Lei da Liberdade Absoluta: *O indivíduo será verdadeiramente livre quando não depender da ação presente ou futura de outro indivíduo ou poder*

5m2 – Lei do Arbítrio Absoluto: *A tecnologia permitirá grau infinito de liberdade de escolha ao indivíduo*

5m3 – Lei do Fim das Inibições e da Autocensura ou Lei do Relaxamento do Autocontrole: *O exilado no mundo virtual não conhecerá inibição ou autocensura*

5m4 – Lei do Paradoxo das Vontades: *Quando houver o choque inconciliável de vontades, os recursos tecnológicos intervirão como árbitro*

LM6. Lei da Economia Virtual: A vida econômica no mundo dos exilados girará em torno das trocas, em meio físico, de conteúdos imperfeitos entre os indivíduos

6m1 – Lei do Mercado Desnecessário: *Apesar de o mundo virtual não depender de atividade econômica para manter-se em desenvolvimento, o interesse em participar das trocas voluntárias no meio físico incentivará o surgimento de produtos*

6m2 – Lei do Consumo Supérfluo: *O interesse pela novidade do produto imperfeito estimulará o consumo do supérfluo*

6m3 – Lei da Moeda Automática: *A representação de valor no mundo virtual será feita por meio de moeda específica de distribuição e controle automático*

LM7. Lei da Geopolítica Virtual: O indivíduo será uma entidade política autônoma

7m1 – Lei do Território Inviolável: *Cada pessoa terá controle sobre o espaço virtual que ocupe, não sendo permitida a entrada de terceiros nesse território sob qualquer pretexto*

7m2 – Lei do Autogoverno: *Nenhuma entidade externa tem jurisdição sobre o território virtual do indivíduo exilado*

7m3 – Lei das Relações Interpessoais: *O contato mutuamente autorizado entre indivíduos será mediado por protocolo de comunicação em meio físico*

7m4 – Lei da Federação Voluntária: *A pessoa exilada poderá participar de uma federação de indivíduos virtuais voluntariamente e pelo tempo que julgar conveniente*

7m5 – Lei da Família Voluntária: *A pessoa exilada poderá estabelecer vínculo de natureza familiar com outras pessoas, parentes ou não na vida física, desde que o relacionamento decorrente dessa condição seja mediado por protocolo especial de interação em meio físico*

7m6 – Lei da Frustração Humanista: *Será de esperar o sentimento de frustração do humanista por considerar haver perdido tempo na luta pela salvação do mundo em que agora não se irá mais viver*

7m7 – Lei do Extremo Centro: *O exílio esvaziará as razões para assumir posição político-ideológica*

LM8. Lei da Linguagem Única: A língua como código para comunicação será irrelevante, porque a interação será sempre na linguagem das máquinas

LM9. Lei da Simplificação: O mais simples é o melhor

9m1 – Lei da Descomplexidade: *A tecnologia reduzirá gradativamente a complexidade no conhecimento*

9m2 – Lei da Certeza Conveniente: *A incerteza será vencida pela eleição da certeza mais conveniente*

9m3 – Lei da Explicação Irrelevante ou da Economia de Recursos: *A tecnologia tornará irrelevante a explicação dos fenômenos e dos funcionamentos*

9m4 – Lei da Imitação: *A tecnologia tratará de imitar a natureza pela simulação dos efeitos desejados*

9m5 – Lei da Verossimilhança: *A tecnologia construirá as soluções com base na verossimilhança*

9m6 – Lei da Anulação do Fator Desconhecido: *Em lugar de controlar as variáveis, a tecnologia fabricará o resultado desejado*

9m7 – Lei da Causa e do Sintoma: *Em lugar de desperdiçar recurso na busca das causas, a tecnologia focará os sintomas, seja para a replicação dos desejados, seja para o combate aos indesejados*

LM10. Lei da Impaciência: Quem tem riqueza suficiente para pagar por autonomia não mais admitirá demora nas soluções

10m1 – Lei da Nova Necessidade: *A perspectiva concreta de plenitude tecnológica cria a necessidade de eliminar os riscos inerentes à precariedade biológica da vida humana*

10m2 – Lei da Velocidade Aumentada: *A impaciência aumentará a velocidade das soluções de biotecnologia*

10m3 – Lei do Risco do Exílio Imaturo: *A impaciência poderá provocar o exílio virtual antes de condições plenas de segurança e satisfação*

LM11. Lei da Confirmação: As realizações da tecnologia tenderão a ser compatíveis com intuições e crenças anteriores da humanidade

11m1 – Lei da Relação entre Religião e Tecnologia: *A adoção de soluções permitidas pelo desenvolvimento da alta tecnologia, ao contrário do que pode parecer à análise superficial, não conflita com os diversos sistemas de crença*

11m2 – Lei da Relação entre Filosofia e Tecnologia: *As precondições que suscitam as questões filosóficas clássicas permanecerão presentes na realidade inaugurada pela prevalência da tecnologia*

11m3 – Lei da Relação entre Política e Tecnologia: *As necessidades do exercício da política para a discussão das formas de condução da humanidade permanecem, ainda que atenuadas ou eliminadas as condições que hoje definem a existência da sociedade*

LM12. Lei da Inevitabilidade do e-Código: O e-Código é o registro das leis que moldam o futuro da humanidade em razão da preponderância da tecnologia

12m1 – Lei da Migração Decorrente: *A migração do ser humano para o mundo virtual decorre do desenvolvimento da tecnologia e não pode ser evitada nem impedida*

12m2 – Lei do Imperativo das Condições: *As condições para efetivação da migração do ser humano ao mundo virtual se darão pela via que se impuser, inclusive sequestro*

12m3 – Lei do Mais sem Menos: *As condições no exílio não podem ser menos favoráveis ao indivíduo que as asseguradas no mundo físico*

12m4 – Lei do Fim do Mundo: *A probabilidade de que a destruição da vida no planeta, por catástrofe natural ou obra da insanidade humana, impeça a migração para o mundo virtual é inversamente proporcional ao tempo decorrido a partir de agora*

LM13. Lei da Aplicação do e-Código: Este e-Código aplica-se ao mundo dos exilados, exceto quando houver menção expressa ao mundo dos deixados para trás

13m1 – Lei da Inutilidade das Disposições em Contrário: *As considerações de qualquer ordem contra o conteúdo deste e-Código são irrelevantes*

13m2 – Lei da Ignorância: *A ignorância em relação à possibilidade de migrar ao mundo virtual poderá custar a oportunidade a pessoas exiláveis*

13m3 – Lei da Negação Inteligente: *A reação inteligente à possibilidade de mudança para o mundo virtual deverá contribuir para aumentar a velocidade e a segurança da migração*

13m4 – Lei da Vigência Inexorável: *Este e-Código entra em vigor imediatamente*

LM1

LEI DA PREVALÊNCIA DA TECNOLOGIA

A tecnologia prevalecerá sobre as demais áreas de conhecimento e atuação.

Chegará o momento em que a tecnologia deterá plenas condições de analisar as informações necessárias para resolver os problemas em qualquer área.

O ritmo, a velocidade, a direção e a ousadia com que o desenvolvimento dos recursos vem se dando nos últimos anos abrem tantas possibilidades que nos sentimos meio perdidos na fantasia, na imaginação e na especulação. Nem temos tempo de abstrair para especular. Antes de inventá-la na cabeça, a tal coisa já nos atinge fisicamente o cocuruto. As sinapses precisariam ser turbinadas para dar conta do desafio de correr mais rápido que a correnteza que empurra o barquinho para lá na frente.

O ritmo da resolução dos problemas aumentou, e a revisão das soluções anteriores aparece no mercado numa velocidade tão rotineiramente grande que nem nos surpreende mais. Não só a tecnologia vem resolvendo cada vez mais problemas como vem aperfeiçoando as respostas com maior aceleração.

Além disso, os produtos tecnológicos têm se recusado a apenas responder às encomendas: atendem cada vez mais a demandas inventadas por eles mesmos que a questões tradicionais. São ousados: de repente provam que tínhamos uma necessidade de que nem desconfiávamos. Matam a cobra e mostram o pau: não só nos fazem ver a necessidade como no mesmo instante já nos fazem dependentes da solução.

Mas o mais significativo é perceber para onde estamos marchando. Os recursos não estão mais apenas nos ajudando a fazer nosso trabalho com menos esforço e melhor resultado. Não. Os recursos querem nosso lugar, querem carregar nossa própria existência em suas entranhas artificiais. E o que eles querem vão conseguir. Primeiro, porque nos convém. Segundo, porque nem querem saber nossa opinião. A marcha dos recursos para ocupar *mesmo* nosso lugar é agora imparável.

O conhecimento humano outra vez experimentará a visão integrada que existia na época da origem da filosofia, tempo de Tales de Mileto, filósofo na acepção de hoje, mas que também foi geômetra e astrônomo. A tecnologia será no futuro o que foi o filósofo no passado – o especialista em generalidades. Ou, para ser mais exato, o especialista na totalidade.

O ambiente tecnológico englobará o que terá sido até então produzido pelo gênio humano e ganhará autonomia para seguir sozinho, por conta própria, a trajetória de evolução do conhecimento. Seu *raciocínio de máquina* tomará por base tudo que haverá de imprescindível por conhecer até o momento de plenitude e tocará sozinho o barco do conhecimento de aí por diante. Não precisará de todas as informações geradas pelos humanos, dessa infinita massa de dados. Bastará que disponha do que não deve faltar para que possa computar as equações suficientes para assumir o trabalho científico.

Como a tecnologia disporá dos conhecimentos acumulados de todos os campos de estudo, inclusive ferramentas e metodologias, perderá sentido a divisão em áreas de especialidades. Haverá apenas uma grande área de integração, que decorrerá da concentração do conhecimento num mesmo ambiente de processamento.

Se tudo que se sabe de relevante estará interligado, o daí para a frente estará na única dependência da velocidade tecnológica para a solução autônoma dos problemas: o novo conhecimento se produzirá automaticamente.

1m1

Lei do Novo Big Bang

Haverá o momento em que a tecnologia ganhará autonomia, porque todo o necessário para o raciocínio científico estará no mesmo ambiente computacional.

LLEGÓ LA SEÑAL. SE OYÓ UN CHIFLIDO LARGO Y COMENZÓ LA TRACATERA
EL LLANO EN LLAMAS, JUAN RULFO

Quando o conjunto de informações, sistemas de processamento, aplicativos e conceitos interligados no mesmo ambiente computacional for suficiente para a tecnologia tocar sozinha a produção do conhecimento científico, esse será o momento do Novo Big Bang.

A especulação que caracteriza o método científico precisa debruçar-se sobre a realidade. Por isso, a primeira condição para que se dê a autonomia tecnológica é que as informações necessárias estejam disponíveis. Como os arquivos em rede reúnem informações redundantes e algumas deduzíveis de outras, é difícil fazer a previsão de qual dado será o último a completar a massa que brindará aquilo de que os recursos precisam para não precisar mais de humanos.

É evidente que o conjunto do que vai fazer chegar esse momento de autonomia tem de incluir sistemas de processamento e aplicativos específicos para tratar os dados e administrar os fluxos de informação interligados. Inclusive, sem dúvida, aplicativos de gerar aplicativo, que serão aqueles responsáveis por encontrar os atalhos para a solução dos problemas do momento e do futuro.

A forma como isso se dará não se sabe. Pode ser que o upload de um arquivo traga o detalhe que faltava, pode ser uma pesquisa no buscador, pode ser o trânsito de um e-mail com anexo, pode ser a publicação de uma notícia, pode ser a rodada de atualização de um sistema, pode ser uma imagem de satélite, pode ser um game que acaba de entrar em rede, pode ser um novo aplicativo. De qualquer maneira, será algo que sensibilizará os recursos como um choque, uma cutucada.

Não se pode fazer a previsão de qual entrada provocará o Novo Big Bang com sua simples chegada ao ambiente interligado de processamento. Como, simplificadamente falando, a formulação de conhecimentos depende de informações, métodos e ferramentas, poderá ser qualquer uma dessas coisas. Por exemplo, o detonador poderá ser uma informação estatística banal e, talvez até por isso, ainda não trazida para fazer parte do conjunto de dados básicos à disposição dos recursos tecnológicos em processo de assunção gradual do trabalho científico. A quantidade de bonés vendida no verão passado numa vila do litoral africano poderá ser a última lacuna no alicerce em cima do qual a tecnologia assumirá a construção do edifício do conhecimento humano. A partir dessa informação, não haveria mais nada por saber para fazer todas as perguntas e formular todas as respostas. De forma análoga a uma explosão mesmo, a tecnologia chegará a todas as conclusões e encaminhará todas as providências.

De repente, essa entrada mágica, intencional ou acidental, completa o processamento de uma solução, que se encaixa no equacionamento de outro problema, que por sua vez era o que faltava para um terceiro processamento concluir outra solução, que leva a uma especulação para a qual é encontrada uma resposta na rede, que desencadeia outra pergunta e outra resposta, que leva à providência de iniciar o comando de correção de uma falha, que é o que faltava para iniciar a produção de um componente de um equipamento que servirá para conseguir estancar a volatilidade de uma mistura, o que economizará o insumo que estava faltando para suprir a deficiência de...

Por ação deliberada ou em decorrência de atividades aleatórias, uma hora esses componentes básicos estarão interligados. Esse momento dará início ao período histórico de preponderância da tecnologia.

Ela substituirá as mentes produtivas da totalidade de cientistas. Como? O núcleo pensante será composto pelos sistemas e aplicativos específicos em conjunto com conceitos básicos. Conceito é a caracterização distintiva de um objeto ou de uma ideia. Estamos falando do que distingue cadeira de sofá, mas também de como individualizar o entendimento sobre cada necessidade do planeta e seus habitantes, do significado de palavras e expressões, das classificações. Por exemplo, conceito é o que significa, em linguagem matemática entendível pela máquina, lápis, guarda-chuva, sobrevivência, privacidade, azul, democracia, caju, legal, ético, livro, conforto, qualidade de vida, demanda, sequência de Fibonacci, moto-contínuo, governo, consumo consciente, moeda, produção, pitomba, consciência, segurança...

Os conceitos serão assentados como válidos na memória dos recursos autônomos por redundância ou média ponderada. Isso significa que as publicações científicas, os documentos governamentais, as obras mais significativas das diversas áreas e o grau de consenso observado em artigos e livros permitirão o cálculo do conceito em linguagem de máquina. O cálculo levará em conta a ponderação da importância relativa da fonte, identificada a partir do cruzamento de referências. Fonte mais citada por autores mais citados vale mais como abonadora de um conceito, que, depois de matematicamente depurado, é assumido como o correto. Pelo menos até que os recursos encontrem inconsistência ou incoerência no cruzamento com outras informações certificadas, o que redundará no ajuste correspondente. Em outras palavras, é provável que a conceituação se dê por meio de cálculo de máquina.

O ambiente de processamento será composto por núcleo pensante (sistemas, aplicativos e conceitos) mais informações. Pois bem, os *conceitos* estruturarão a base para a análise das *informações*, operação que ocorrerá por meio dos *sistemas e aplicativos*. Está aí a síntese do trabalho de produção de conhecimento para a resolução de problemas sob os recursos tecnológicos autônomos.

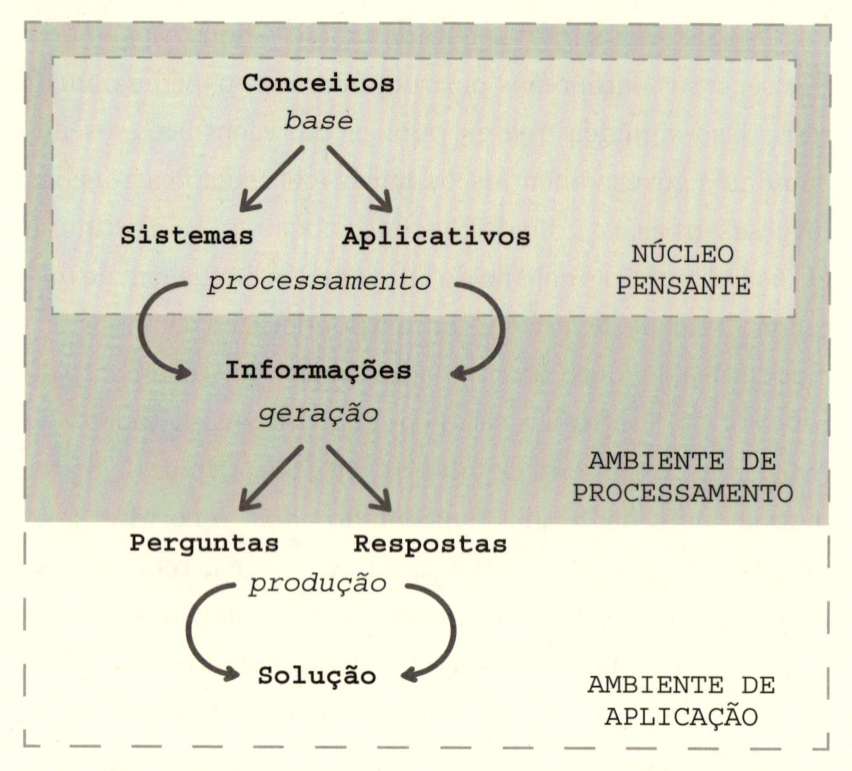

Processo de resolução de problema pelos recursos tecnológicos autônomos: conceitos, sistemas, aplicativos e informações reunidos para fazer pergunta e encontrar resposta.

A tecnologia deixará de ser alimentada pela ciência à medida que for ganhando autodeterminação, o que culminará com a autonomia plena. Na sequência, tenderá a tomar conta, porque terá ganhado capacidade de fazer ciência.

Ora, informações, conceitos e sistemas já vêm sendo direta ou indiretamente colocados em rede, num mesmo planetário ambiente de processamento, embora não seja essa uma decisão consciente ou um objetivo assumido. De certa forma, o compartilhamento se dá. O fluxo de mensagens, a hospedagem de arquivos, os artigos científicos publicados, as notícias, os vídeos, os comentários, os links que viajam, se comunicam e caem como pontes entre processadores isolados, essa já é uma teia de interligações de fato existente.

Por conta de tal interação, a tendência é que haja cada vez mais a produção de alguns saltos de conhecimento quase inexplicados, mas ainda sob a monitoração de cientistas. Em algum momento, no entanto, a faísca final acenderá o rastilho do Novo Big Bang. Como o necessário para dar autonomia à tecnologia estará ali em intercomunicação, não serão mais apenas espasmos isolados.

Nesse instante, começará o processo automático de complementação do conhecimento científico por inferência informática direta ou por salto das lacunas pela via da simulação por verossimilhança. A partir desse ponto de inflexão na produção de conhecimentos pela humanidade, o comando será da tecnologia, não havendo em teoria a necessidade de novos inputs para que os problemas sejam postulados e as soluções sejam encontradas. Automaticamente.

Pode-se dizer que essa autonomia ocorrerá sem falta quando o que estiver armazenado no instante em ambiente interligado for suficiente não só para dar todas as respostas como para fazer todas as perguntas. Não será o instante em que as dúvidas estarão sanadas – será o momento em que o que é necessário saber para empreender a busca das soluções já estará reunido.

Esse *momento de plenitude* é teoricamente definível (instante em que a tecnologia assume a ciência), mas concretamente imprevisível, porque depende da reunião em ambiente de processamento de tudo que há para conhecer.

Bem, o momento de plenitude não vai coincidir, de forma automática, com aquele em que o conhecimento necessário para dar as soluções nas diversas áreas já estiver produzido, porque pode ser que nem tudo entre imediatamente no mesmo ambiente de processamento. Ou seja, o *momento de disponibilidade plena* do conhecimento pode não coincidir com o *momento de plenitude tecnológica*. Reduzir o tempo entre esses dois instantes ao mais próximo de zero possível deverá ser um objetivo em que se empenharão técnicos e cientistas.

É razoável supor que o investimento em sistemas de monitoração da produção de conhecimento cresça de agora em diante, porque esse é o caminho mais produtivo de induzir a chegada desse salto tão importante para fazer avançar a qualidade de vida do ser humano.

Quer dizer, vai ser cada vez mais importante conhecer e abarcar no mesmo ambiente a produção de conhecimento disseminada pelo mundo. Os sistemas de monitoração estarão de olho na movimentação de cada máquina conectada com a rede e em cada mensagem ou arquivo que transite, venha de onde vier e vá para onde for. Esses sistemas serão acionados por governos e particulares. Claro que levantarão protestos contra a invasão da privacidade e dos direitos de autor e propriedade por conta do valor econômico envolvido. Mas, a exemplo do que ocorre hoje com os dados pessoais, é improvável que a reação contrária consiga frear a tendência de monitoração.

Em decorrência disso, no entanto, é também razoável supor que aumentarão os cuidados com a segurança da informação produzida em instituições de pesquisa, por exemplo.

Os valores investidos nos estudos técnicos e científicos tenderão a ser orientados em boa medida para os mecanismos de proteção das informações, como maneira de preservar o valor econômico dos estudos. Afinal, o investidor precisa cuidar do retorno do capital empregado. Esse cuidado, no contrafluxo, tenderá a dificultar a chegada do momento de plenitude.

Dificultará, mas não impedirá, porque atingir o momento de plenitude também é de interesse econômico dos donos do capital.

Por isso, no resultado de somas e subtrações, é provável que a tendência seja de que a plenitude ocorra o mais próximo possível do momento de disponibilidade plena. Essa é uma garantia de que podemos prever o gradativo aumento da velocidade de atingimento das condições necessárias à autonomia tecnológica.

1m2

Lei da Substituição da Ciência

A tecnologia substituirá a ciência.

A tecnologia na verdade absorverá a ciência, porque substituirá os cientistas. No momento em que o básico estiver capturado e interligado, ela seguirá sem a necessidade de humanos no comando dos estudos, das pesquisas.

A tecnologia já mudou de patamar lá atrás, quando deixou de apenas prover mecanismos e máquinas em substituição de funções humanas *mecânicas* e passou a substituir funções humanas *abstratas*. A fabricação de equipamentos para ajudar nas funções mais físicas remonta ao passado distante. Bastões, muletas e próteses já foram juntados ao enxoval há muito tempo.

Apesar de a inventiva ter dado voltas para tornar sempre melhor a solução artificial, a mudança qualitativa se deu com a consolidação da informática como substituta para as funções mais sofisticadas. Ou seja, quando incorporou a computação, a tecnologia começou a deixar o papel de coadjuvante e de caudatária da ciência. Ao absorver funções humanas abstratas, ascendeu ao status de produtora de conhecimento.

E a autonomia vem sendo conquistada. Como compartilha o mesmo ambiente criativo com a ciência, conquistar espaço significa tomar terreno da ciência. Uma cresce, a outra encolhe. Pela lógica, a tecnologia cresce, a ciência encolhe.

Como analisado antes neste e-Código, chegará o momento, imparável momento, em que tudo que é necessário para o raciocínio científico estará no mesmo ambiente computacional. Todos os dados da realidade estarão interligados: desde a temperatura em que o pão vira pão no forno de Burundi até a composição do terço mais profundo da poça sob a janela de Copenhague, desde a fórmula da equação fundamental até a técnica do nó de marinheiro, desde a tabela periódica até o DNA da lagartixa, tudo estará metido e conversando na mesma rede. Esse será o momento da autonomia tecnológica.

Aí estará o momento em que a tecnologia fará ciência e fará isso sozinha e por si, sem consultas nem encomendas e, nisto a maior novidade, sem a liderança dos profissionais da ciência. Aliás, só se pode falar em substituição porque ela seguirá sem ajuda externa.

Como metáfora do bang original, nesse momento a tecnologia assumirá a responsabilidade de completar o que ainda falte formular para vencer as dificuldades da civilização. Terá conhecimento pleno do que há para saber: porquês e comos. Aquilo que ela não tiver elementos para entender sobre o funcionamento da natureza, inclusive humana, será contornado pela replicação dos efeitos desejáveis e pelo foco na verossimilhança.

Será considerada uma perda de tempo a luta, sem chance de êxito, de entender tudo, de identificar as causas dos fenômenos. Ou seja, a resolução tecnológica dos problemas virá com o sacrifício da satisfação de vencer as inquietações filosóficas. É provável que o ser humano desista do propósito utópico de entender o universo. Chegará antes à conclusão de que o empreendimento é irrealizável e contraproducente. Não só consome recursos sem resultado palpável como atrapalha, porque desvia o foco daquilo que interessa, que é fazer disponível o que satisfaça as necessidades de sobrevivência e conforto da humanidade.

Nossa limitação não nos permite prever, só imaginar e mal, de que forma instantânea e total esse bang significará a assunção pela tecnologia do imprescindível papel de fazer ciência. Não se trata apenas de uma alternância do encarregado de suprir a humanidade daquilo que ela demanda para ir ganhando a batalha contra as limitações. Será uma mudança de patamar na segurança e na efetividade das soluções.

A tradução do mundo em linguagem de máquina, matemática ou alguma substituta mais sofisticada a que se chegue daqui para frente, permitirá um passo adiante na certeza de que estaremos adotando saídas para deficiência ou desafio isentas de risco. Os recursos tratarão de encontrar os caminhos mais adequados. Como a tecnologia nos conhecerá melhor que nós mesmos, ajudará a formatar soluções que atendam até a interesses não manifestados e não conscientes.

Em resumo, a atividade científica não desaparecerá. O que deixaremos de ver será a condução dos estudos, das pesquisas, estar a cargo de humanos. Os cientistas perderão lugar para os recursos autônomos num processo normal e sem sobressaltos, porque ainda estarão no comando da produção de conhecimentos quando essa substituição já for entendida como irreversível e necessária para acelerar e garantir a chegada de progressos na qualidade de vida da população e do planeta.

É razoável prever que essa dispensabilidade do profissional venha a ser pouco a pouco observada durante um tempo, não chegando a configurar nenhuma mudança brusca na forma como a produção do conhecimento estará sendo feita.

1m3

Lei da Ciência Necessária

Até o momento de plenitude, a tecnologia dependerá da ciência, de quem é filha e caudatária.

A ciência, por obra de seus mais diversos ramos, vem ajudando a humanidade a vencer os preconceitos, o desconhecimento e as crendices. Antes dos estudos sistemáticos, metódicos, controlados, o que valiam eram as explicações mágicas. Como nada sabia sobre nada, o ser humano precisava inventar a história de tudo. Essa invenção tinha de apelar para um respaldo que não necessitasse ser submetido a crivo racional ou do contrário a história não se manteria de pé. Por isso, as explicações eram as sustentadas em preconceitos alimentados por crendices.

Se ainda hoje vemos manifestações rasteiras de crendice, é certo que a humanidade vem saindo desse mundo brumoso em que a preguiça de entender desemboca na tolice de crer nas narrativas delirantes. O raio não era uma descarga elétrica – era um muxoxo de desagrado da divindade vingativa. A chuva não vinha quando se reuniam as condições – caía por permissão direta do encarregado celeste.

Quando a humanidade ia aprendendo a entender os fenômenos, a divindade mágica dos ignorantes ia sendo empurrada um pouco mais para longe da responsabilidade direta pelo que ocorria na vida dos habitantes da Terra. Os conhecimentos iam se estabilizando pelas observações repetidas de gerações e a cultura ia se acumulando, o que permitia que cada nova leva de crias já nascesse com a vantagem do aprendizado estocado.

É por meio dos estudos e da dedicação criativa a pensar sobre as aflições e seus remédios que os cientistas têm sido os responsáveis por levar a humanidade a cada vez mais alentadores níveis de conhecimento sobre a natureza. Esse progresso vem carregando a reboque a tecnologia, que se dedica a traduzir em benefícios concretos aquilo que a ciência produz em teoria.

Com base nesses estudos, temos visto o surgimento de ferramentas e outras aplicações do conhecimento científico em nossa vida, com destaque daquilo que nos prepara mais para sobreviver às dificuldades, para vencer os obstáculos.

Isso vai continuar até o momento em que a tecnologia estiver pronta para assumir. O papel de indutora do desenvolvimento não pode ser desempenhado por ninguém mais que a ciência como instituição que zela por manter o desabrochar das potencialidades humanas em marcha. A tecnologia vem como filha e dependente da ciência. Precisa ser alimentada pelos estudos, pelas novas teses, pelas novas descobertas.

Precisa e precisará até o momento em que puder cortar o cordão umbilical. Não significa que haverá uma hora em que o desenvolvimento dos recursos dispensará o fertilizante que sempre lhe foi entregue pela ciência. Não é isso. O que vai ocorrer é que os recursos não precisão mais receber essa ajuda de terceiros, dos cientistas, porque eles próprios tratarão de fornecer-se o que precisarão daí por diante.

Não dispensarão a ciência – os cientistas é que cairão em desuso. Aliás, junto com os tecnólogos, que também ficarão sem função diante da autonomia dos recursos informáticos.

Ou seja, a ciência nunca deixará de ser necessária à humanidade. Ela apenas deixará de ser feita por pessoas para ser tarefa dos recursos tecnológicos autônomos. A prova dessa importância está em que mesmo a autonomia será consequência das anteriores contribuições científicas.

1m4

Lei do Pai da Mãe

A ciência é a mãe da tecnologia, mas o gênio humano é o pai da ciência.

UM HOMEM QUE LÊ, PENSA OU CALCULA, PERTENCE À ESPÉCIE E NÃO AO SEXO; NOS SEUS MELHORES MOMENTOS ELE ESCAPA INCLUSIVE AO HUMANO.
MEMÓRIAS DE ADRIANO, MARGUERITE YOURCENAR

A tecnologia precisa sempre saber com quem está falando quando vier trocar uma ideia com os cientistas e outros guardiões do gênio humano. Nem ciência nem tecnologia seriam mais que nada se não fossem sêmen e óvulo da espécie mais predadora da natureza. Tão predadora por instinto e talento que os cientistas serão aposentados graças ao fogo amigo dos... cientistas.

Por sorte ou determinismo, talvez não importe muito, ser desafiado pela mais poderosa natureza levou o homem a subir nas tamancas e partir para cima do perigo sem armas nem dentes. Só com a curiosidade e a ousadia de se meter a explicar tudo, ainda que a cada tanto precisasse jogar algumas certezas fora e agarrar-se a novas conclusões precárias.

Não conseguiu ainda explicar tudo e, antes de conseguir, vai desistir da pretensão. Vai ter a certeza de que a grande descoberta é a de que não deve nem precisa preocupar-se com entender tudo.

Foi por fazer ciência com gênio e engenho que o ser humano chegou ao que já fez até aqui e chegará a fazer o que sabemos que fará, inclusive deixar-se levar pelos recursos.

O gênio humano, que pariu a ciência, que por sua vez pariu a tecnologia, que terminará por engolir a mãe, vai vencer a guerra com a deposição das próprias armas. Quando entregar-se nos braços da tecnologia, o ser humano fará como o avô que, em fantástica reviravolta, deixa-se carregar nos braços de quem foi gerado por quem ele gerou, o agora mais vigoroso neto.

1m5

Lei do Fim das Áreas de Conhecimento

Com a prevalência da tecnologia, não haverá mais a necessidade de divisão acadêmica em áreas do conhecimento.

A especialização foi necessária para permitir o desenvolvimento da ciência. Se o filósofo da antiguidade conseguia meter-se em várias áreas de conhecimento, porque o que havia acumulado pelas gerações anteriores era ainda pouco, foi chegando a hora em que isso se tornava impossível e indesejável. Saber tudo passou a ser tarefa irrealizável, sem contar que a dispersão da atenção do estudioso por várias áreas de interesse acabava por prejudicar o foco, que ajuda a concentração da pessoa na resolução dos problemas específicos.

Portanto, o natural é que, à medida que fosse ficando impraticável o domínio por uma só pessoa da totalidade do conhecimento produzido, os cientistas fossem procurando dedicar-se a campos especializados. O volume de estudos mais que qualquer outro critério foi o primeiro responsável por ir configurando aquilo que hoje é a divisão acadêmica em áreas de conhecimento.

Isso foi indispensável para permitir que se pudesse levar adiante o estudo da natureza e suas manifestações. A necessidade de detalhar cada segmento da realidade, para que se pudesse obter progresso mais rápido e consistente, fez com que nascesse a especialidade como conhecida hoje.

A sociedade passou a recorrer a entendedores reconhecidos em cada área para resolver os problemas.

Observou-se o desenvolvimento mais seguro de hipóteses e teorias sob a visão especializada de cada área em que se organizou a academia. Com o foco menos disperso, ficou facilitado o surgimento de hipóteses e o controle das experiências. Os olhos treinados do especialista viam mais e mais longe.

Essa divisão era e ainda é muito precária, porque existe evidente interligação entre os campos de estudo. Com muita frequência, as conclusões de uma especialidade se apoiam nas conclusões de outra ou provocam a necessidade de revisão de conceitos em estudos alheios. Ou seja, a divisão em áreas de conhecimento sempre foi imperfeita e antinatural. Mas até agora não havia alternativa.

Como a divisão ocorreu, portanto, por limitações do cientista, e a tecnologia vence essa limitação por seu caráter de interligação entre as informações, independentemente das especializações acadêmicas, as dificuldades não mais subsistem.

Assim é que a preponderância da tecnologia traz consigo a possibilidade de fechar o círculo e voltar a permitir a produção integrada de conhecimento, característica da época em que os sábios gregos eram especialistas na generalidade do saber humano.

1m6

Lei da Substituição do Governo

A tecnologia substituirá o governo.

Como saberá o que fazer e por que é preciso fazer, fará. Analisará, decidirá e fará. Sozinha.

Ora, a reunião do que há por saber e o acesso ao que ocorre a cada segundo farão com que os recursos tecnológicos possam ser o melhor administrador dos interesses coletivos. Com mais rapidez e abrangência de raciocínio impossível de ser igualada por humano, os habitantes do planeta estarão finalmente nas melhores mãos. Quer dizer, não há dúvida de que a tecnologia deterá capacidade e habilidades para fazer o que seja necessário.

Terá como fazer a melhor análise das possibilidades de suprir a carência específica e, por isso, escolherá sempre a melhor opção de caminho. Tudo sem precisar apelar para a ajuda dos humanos nem em forma de parametrização nem em forma de decisão. Sozinha, ela fará o que tiver de ser feito e na hora exata.

Haverá a partir desse momento o desencadear automático de ações de comando autônomo sobre tudo que há ou deveria haver. Bang: num átimo, o universo reformatado no que depender de conhecimento pleno e providências. A tecnologia saberá, saberá por si e instantaneamente.

Ficarão dispensáveis os canais de manifestação da vontade e da escolha popular. Ou seja, a democracia tradicional, do voto e da representatividade, poderá ser aposentada. Em lugar dela, desse regime político que tanto aperfeiçoou a forma de governar a humanidade, uma democracia ainda mais efetiva. A preponderância completa da tecnologia não significará o fim da soberania da vontade do eleitor. Ao contrário, poderá representar a adoção do processo decisório mais perfeito do ponto de vista de respeito aos interesses e às características da população. Não exclui a adoção do voto para certas escolhas, mas não precisará se valer de representantes para abrir canais de influência nas decisões gerais.

Ter os recursos tecnológicos no governo significará decidir com base na melhor parametrização. Afinal, as providências serão adotadas com base no registro da experiência humana na escolha de caminhos e na avaliação dos resultados de cada opção histórica, mas com os olhos no que se desenha para o futuro. Serão adotadas com base nas informações mais fidedignas e no estabelecimento de prioridades mais justo, porque regido por definição que estará sempre isenta da influência do interesse de grupos hegemônicos.

Com a assunção das rédeas pela tecnologia, estarão dadas as condições para que ela exerça o governo no mundo. O interesse da humanidade até poderá ser modelado na forma de políticas, de grandes definições incluídas por comando humano no ambiente de processamento. Mas a tendência é que, com o tempo, essa necessidade de interferência vá diminuindo até desaparecer.

Isso não significará a tirania tecnológica, mas, ao contrário, a garantia de que os verdadeiros interesses comuns estarão sendo acatados nas decisões de governo. Hal não assumirá o controle da Discovery contra o interesse dos patrões astronautas, porque já vimos *2001* e sabemos que a tecnologia precisa entender muito bem quem é que manda. O aprendizado de máquina tenderá a ir nessa direção de respeitar a ascendência de nosso interesse sobre a *vontade* da tralha que criarmos, pelos cuidados e salvaguardas que trataremos de ir metendo como parâmetros de sucesso para as soluções.

1m7

Lei do Fim da Surpresa

Nada ocorrerá que não tenha sido previsto pela tecnologia.

A partir do controle pleno sobre a criação científica, a tecnologia poderá prever o restante do futuro com segurança. O trabalho de antecipação que hoje é dos planejadores e dos visionários será tão naturalmente desempenhado pelos recursos que, como consequência, a diminuição da incerteza será um componente com que a humanidade passará a contar.

Não só o desconhecimento sobre o resultado das medidas de governo como a insegurança sobre os fenômenos naturais tenderão a desaparecer. As medidas já terão suas consequências avaliadas antes de adotadas. Aliás, será um dos parâmetros de análise das soluções, como hoje, só que com um grau de acurácia bem mais elevado.

Assentada sobre a base segura das informações fidedignas e valendo-se de sistemas e aplicativos do mais alto nível de desenvolvimento, a especulação sobre o futuro deixará de ser imaginação para tornar-se simples exercício da capacidade que o cálculo matemático tem de extrapolar. Não mais necessitaremos de figuras dedicadas a antecipar o futuro pela via das ousadias da imaginação. Essa tarefa passará para a área mais competente das operações objetivas com números e variáveis.

Assim é que será possível antever os gargalos que podem ser desativados e os que terão de ser enfrentados.

Alguns problemas poderão ser neutralizados por medidas antecipadas. Outros não serão vencidos com antecedência, mas terão a base para a solução construída em tempo de não trazer consequências que saiam do controle.

Em outras palavras, podemos dizer que as saídas já tendem a estar prontas com a antecedência recomendável para não cair no risco da improvisação.

O poder de previsão significará que será difícil que o agravamento de um problema ou o surgimento de nova necessidade ou algum aumento de risco ocorram de forma inesperada. A tendência é, portanto, que as decisões sejam tomadas com o necessário nível de segurança e no momento certo.

A diminuição da incerteza quanto ao que pode colocar em perigo a satisfação das necessidades deixará o ser humano livre para encontrar ocupação mais nobre que a de defender a sobrevivência. Poderemos ter mais tempo para dedicar a atividades do espírito, sejam elas da natureza que cada um decidir escolher.

1m8

Lei da Parametrização Civilizatória ou Lei dos Mandamentos de Máquina

O trabalho da tecnologia será parametrizado de maneira a fazer prevalecer a visão humanista das soluções.

PASSEM EM REVISTA, ANALISEM TUDO O QUE É NATURAL, TODAS AS AÇÕES E OS DESEJOS DO PURO HOMEM NATURAL: NÃO ENCONTRARÃO NADA QUE NÃO SEJA TERRÍVEL. TUDO O QUE É BELO E NOBRE É O RESULTADO DA RAZÃO E DO CÁLCULO.
O PINTOR DA VIDA MODERNA, CHARLES BAUDELAIRE

Talvez a mais importante questão a ser enfrentada desde já seja justamente a que sempre atiçou as fantasias: *como assegurar que o progressivo aprimoramento dos recursos tecnológicos seja orientado para defender acima de tudo os interesses da espécie humana?* Algo como as leis da robótica de Asimov deverá ser tão introjetado na memória de processamento dos recursos que nunca possa haver a menor hesitação sobre em que direção devem ser feitas as opções. Os computadores desgovernados da ficção não parecem ter lugar no mundo que estamos construindo, porque na ponta das rédeas estão sempre pessoas muito bem cientes dos perigos de desandar.

Importante lembrar, sem cair na tentação dos extremos de otimismo ou da falta dele, que não é incorreto admitir que as últimas décadas testemunharam avanços em respeito a direitos e preocupação com o bem-estar de todos, incluídos os mais desvalidos. Ninguém pode ser ingênuo de achar que o altruísmo seja força decisiva nas relações entre pessoas e países. No entanto, os movimentos dos engajados em combater fome, más condições de saneamento, doenças, segregação, corrupção, impunidade, falta de transparência, desigualdade no acesso a serviços públicos e demais injustiças vêm mostrando serviço. Apesar dos retrocessos e do fortalecimento insano dos extremismos, a flecha tem apontado para o caminho de efetivação de direitos, ainda que à custa de muita luta, figurada ou não.

Não é utópico pensar que, no frigir dos ovos das maluquices extremistas versus a resistência racional, acabe prevalecendo um mínimo de bom senso e de controle da crueldade. Logo, também não seria ingenuidade acreditar que, aos poucos e à custa de muito suor, as salvaguardas humanistas vão sendo incorporadas na legislação e no comportamento aprovado pelo consenso da sociedade, seja lá de que forma isso se manifeste, sob força institucional ou por acordo geral tácito.

De qualquer maneira, será preciso que as salvaguardas sejam também metidas como parâmetros básicos para os demais parâmetros dos ambientes de processamento automático dos dados do planeta, estejam eles integrados ou ainda não.

Podemos, então, pensar em dois MANDAMENTOS PARA AS SOLUÇÕES DE MÁQUINA, que precisam ser complementares:

- priorizar os interesses humanos;
- efetivar direitos generalizados ao usufruto dos benefícios da civilização, entendida como a marcha das vitórias parciais contra as adversidades.

Como todo mundo que trabalha com planejamento sabe, só há necessidade de estabelecer prioridade quando há concorrência pelo mesmo recurso. Se, numa situação extrema, houver meio litro de água para um ser humano e uma árvore sedentos, os recursos autônomos não duvidarão em destinar o líquido ao primeiro. Não se trata de frieza ou insensibilidade com os demais sencientes, animais ou vegetais. Em condições normais, tudo deve ser feito para permitir à inteira população de seres vivos o compartilhamento dos recursos do planeta. Mas, repita-se, a priorização será necessária quando houver a saída da normalidade para uma situação em que o recurso só dê para satisfazer um dos concorrentes. No caso, os recursos tecnológicos serão levados a dar preferência ao ser humano.

Além disso, a marcha da civilização aponta para a ampliação progressiva do contingente beneficiado pelos avanços do conhecimento. Os recursos autônomos procurarão, nessa linha, universalizar ao máximo o usufruto dos ganhos com o desenvolvimento do saber acumulado, que é patrimônio de toda a espécie. Ainda que respeitados os direitos de propriedade, os interesses coletivos devem estar antes dos individuais. Pelo menos até que se dê a migração para o mundo virtual, como se verá mais adiante.

Quer dizer, os recursos tecnológicos precisariam ser parametrizados para implementar as duas grandes políticas. Isso poderia ser feito não apenas por comandos diretos, mas por aprendizado de máquina a partir do histórico das definições particulares dos diversos sistemas. A insistência na adoção universal de tais orientações acabará se consolidando como um valor acima dos outros, o que será a única vacina contra o desvio da linha de defesa do bem-estar como condição natural que deva ser assegurada a cada um e a todos os seres humanos. Trata-se, portanto, de realismo humanista traduzido em parametrização que deverá ser adotada como consequência de instrução específica ou do aprendizado de máquina.

Podemos assumir que o ambiente de máquina, incluídos os recursos tecnológicos em sua época de prevalência, deverá optar por soluções que traduzam os interesses mais humanistas. Essa é a esperança. É provável que as opções escolhidas sejam as mais benevolentes para seres humanos, mas não significa que essa visão de respeito a direitos e de promoção do maior bem-estar possível seja fruto de bondade inata nem de abnegação política. E também não significa que a boa vontade seja tão grande assim que alcance toda a espécie de igual maneira.

É verdade que as máquinas tenderão a escolher as soluções menos frias, uma vez que introjetarão parâmetros com foco prioritário nos humanos em razão de aprenderem que tudo que façam deva ser para melhorar a vida dos senhores da tecnologia. Mas os senhores serão quem mesmo? Ao que tudo indica, a aposta com mais chance é a de que continuem sendo os de hoje: os grandes do mercado. Por uma razão simples: agora as big techs ainda fingem ter medo de governos, mas daqui a pouco o desdém pelo poder público tenderá a ser menos discreto. É de crer que siga havendo um verniz de respeito às instituições estatais, embora o mais provável seja que o poder vá mais claramente se deslocando para os controladores de sistemas e redes. Eles e nós sabemos da força que têm para impor sua vontade e a defesa de seus particulares interesses. Basta ver que dizem que não vão mais fazer o que continuam fazendo, recebem uma multa ridícula aqui e uma ameaça ali, embora nada dessa reação indignada de governos e sociedade civil mude uma vírgula do que fazem com nossas vidas.

Então, a única reação com chance de sucesso é a de controladores de recursos com igual poder. Quem? Governos? Em tese, sim. Na prática, é preciso uma decidida tomada de rédeas por países ou, melhor ainda, entidades multilaterais. Factível? Sim. Provável? Aí já vai depender de nossa disposição para apoiar na prática as medidas de controle por meio de pressão sobre o poder público. De alguma forma, há que frear as exigências de renúncia obrigatória aos direitos individuais de privacidade e patrimônio feitas pelo mercado que vive dos nossos dados pessoais.

O poder econômico para regular as big techs virá da mesma receita que se aplica às demais atividades econômicas: o Estado precisa reverter boa parte do que rende o negócio do mercado de dados especificamente em pesquisa e desenvolvimento das soluções governamentais de controle. De preferência, a ação deve ser em consórcio de países, que é uma forma de aumentar o poder tecnológico. Sabemos que não estamos falando de algo simples de fazer, embora seja uma possibilidade teoricamente eficaz de não perder a mão quanto ao futuro que precisa ser implementada agora. Agora.

LM2

LEI DA VIRTUALIZAÇÃO DO CORPO

O ser humano irá para o exílio virtual.

Chegará o dia em que a pessoa trocará o mundo físico pelo mundo virtual. A mesma pessoa, com suas características integrais, será replicada em ambiente de computação. Terminará aí a dependência em relação ao suporte fornecido pelo corpo humano como conhecido hoje.

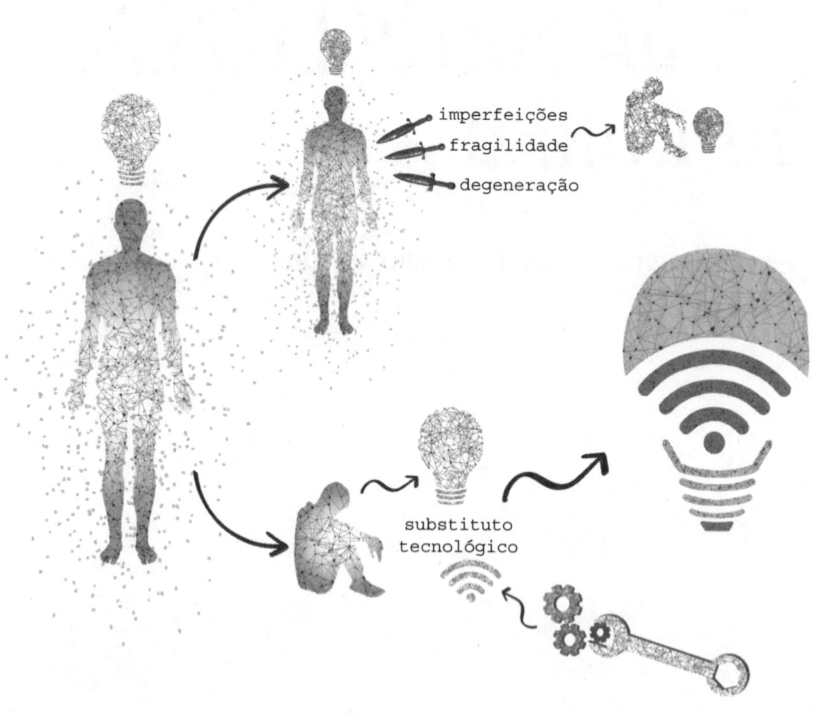

Virtualização: hoje, doença, falência e morte; com tecnologia autônoma, descarte do corpo e atividade cerebral a salvo na vida virtual eterna.

A culminação do processo gradativo de virtualização será o exílio do indivíduo. Nesse momento, nada mais do corpo permanecerá sujeito aos perigos do mundo físico, mas a individualidade ficará preservada e a salvo no mundo virtual. O ser humano não será visto circulando como presença física, mas continuará tendo vida autônoma e sendo encontrável no mundo de lá.

Cada um terá sua existência autônoma e poderá manter as interações e manifestações afetivas e intelectuais. Uma pessoa poderá encontrar a outra, conversar e interagir com as demais. Continuará possível que seja identificada e reconhecida, porque o sujeito exilado no mundo virtual será o mesmo que habitava o mundo físico, exceto o corpo material. Poderá criar, trabalhar, destruir, atrapalhar.

O exilado irá com as lembranças, as manias, os defeitos de caráter, as virtudes, a criatividade, as crenças, os valores, os sentimentos. Nenhuma mudança, nenhuma perda de personalidade precisará ocorrer. Mas poderá.

A tecnologia garantirá a continuação da vida anterior no exílio. Criará condição para que as funções humanas sejam preservadas em ambiente seguro por serem desempenhadas sem suporte natural. Órgãos, sistemas e fluidos serão dispensados, já que ficarão apenas as funções reproduzidas, por verossimilhança, na pessoa que migrará.

O ser virtual será humano em tudo menos na existência corpórea, que desaparecerá. Mais ou menos como um perfil falso na rede, que também não pode ser encontrado fisicamente na sociedade, com a diferença de que o exilado será a replicação de alguém com existência real, com história, registros, relacionamentos, sentimentos, vontades.

Os algoritmos bioquímicos serão domados e ultrapassados a ponto de permitir ao homem ser o que quer. Ou seja, alguém poderá querer *corrigir* características na hora de passar ao exílio. Mudança de atributo e até falsificação do passado, tudo dependerá de decisão pessoal. Importante lembrar que será garantido que a individualidade tenha segurança contra ameaça de terceiros. Mas o restante da humanidade não poderá reclamar o direito de encontrar o mesmo indivíduo que circulava do lado de cá do portão, se não for o que ele quiser.

Não há razão relevante para a replicação estritamente fiel no mundo virtual, se não é isso que a pessoa deseja. Como não há interesse social em jogo, cada um pode decidir com que fantasia cruzará a fronteira entre os mundos físico e virtual.

É importante repisar que o interesse individual se sobreporá a eventuais interesses coletivos *na migração para a nova vida*. Essa será a regra geral. Portanto, não há necessidade de perder tempo tentando identificar que razões coletivas poderiam justificar a obrigatoriedade de transposição fiel.

Será permitido, até porque fora do controle e do interesse social, que a pessoa migre com as modificações que escolher. Poderá alterar sexo, nacionalidade, profissão, família, histórico de saúde, idade cronológica, nome ou o que mais decidir. Isso não prejudicará em nada o interesse dos demais. Nada ficará comprometido ou pelo menos nada que seja da conta dos outros.

Parece certo, no entanto, que deixar a replicação sob a condução automática da tecnologia tenderá a ser mais sensato, por abarcar todas as variáveis. Se a manutenção de alguma característica pessoal ou de algum antecedente histórico for calculada como danosa para a nova vida, é de esperar que o ajuste seja sugerido pela análise tecnológica. É possível que uma característica, apesar de natural, seja fonte de infelicidade ou desajuste com a mudança de ambiente. Nem precisa ser negativa segundo os parâmetros que usamos do lado de cá do portão tecnológico. Basta que seja algo que tenha potencial de trazer desconforto e já haverá razão para o ajuste na definição da personalidade antes da migração.

Como o assunto, no entanto, tem a ver com o conteúdo característico da personalidade individual, a decisão final tenderá a ficar a cargo de cada um.

Embora a opção de deixar tudo nas mãos da tecnologia seja a mais natural, tem lógica também imaginar que possa ser aberta a possibilidade de a pessoa sugerir alguma alteração de característica à apreciação dos recursos, que terão condição de antecipar as consequências de cada variante. A apreciação objetiva ajudará a escolher a melhor solução.

Os recursos poderão já dar uma sugestão ou poderão concluir com o levantamento de vantagens e desvantagens, por exemplo, e deixar a decisão de toda maneira com a pessoa.

Em resumo, pode ser que a escolha sobre o que que vai para o exílio virtual seja pessoal e com base num cardápio de opções. O mais provável, no entanto, é que a definição fique mesmo a cargo dos recursos ou pelo menos que eles sejam chamados a opinar.

Viagem para o mundo virtual

Podemos resumir a história da caminhada do ser humano para o mundo virtual por meio de uma sequência de períodos em que importa mais o que nos ajude a entender a direção da marcha que o estudo acadêmico dos detalhes. A periodização a seguir e as características apontadas não têm a pretensão de ser um levantamento científico exaustivo do passado ou do futuro. Os destaques são escolhidos por conta da ênfase que a análise precisa dar. Outra coisa é que, apesar de seguirmos uma lógica de progressividade, nada impede a coincidência temporal entre dois ou mais períodos.

Período 1

Magia

RISCO

No primeiro passo da caminhada que culminará com o exílio virtual, o ser humano viveu a etapa em que, na prática, mais sofreu danos concretos por conta da fragilidade do corpo.

Os grupos eram conduzidos pelos preconceitos e pelos preceitos das religiões rudimentares, o que fragilizava seu poder de defesa diante do perigo. O raso domínio dos segredos por baixo das coisas fazia dos primeiros homens escravos da visão de mundo mágica e preconceituosa que as religiões primitivas ofereciam como explicação.

A ciência ainda não existia na forma de sistematização do conhecimento. A experiência sobre a Terra era pequena no que se refere às oportunidades de descobrir ferramentas de apoio para enfrentar os problemas de sobrevivência.

O homem era relativamente bem mais indefeso diante da natureza que nas etapas subsequentes. Por isso mesmo, podemos falar de máxima fragilidade do corpo ou risco máximo no período inicial da existência da espécie.

Período 2
MEDICINA 1

RISCO

Agora, já temos remédio. A humanidade começa a encarar a doença com o auxílio da ciência. Merece realce a introdução da cirurgia e da farmácia para complementar o diagnóstico com medicamento racionalmente preparado.

Neste período, vemos a medicina também receber o auxílio adicional da tecnologia mecânica das órteses e próteses.

O segundo período, com essa introdução efetiva da ciência nos assuntos da saúde, traz o primeiro passo da diminuição dos riscos na interação do homem com a natureza.

Período 3
MEDICINA 2

RISCO

Bem mais adiante na história humana, a medicina ganha o auxílio luxuoso da tecnologia informática.

Com a introdução dos recursos de computação, assume enorme destaque a automatização de diagnósticos. Mas outras conquistas tecnológicas são também fonte de enriquecimento diário do conjunto de ferramentas e aplicativos voltados para os assuntos da saúde, como é o caso da telemedicina.

É o estágio atual.

Neste período, temos uma significativa diminuição do risco na interação com a natureza, o que se reflete, junto especialmente aos progressos em áreas como vacina e saneamento básico, na expectativa de vida, que avança muito.

Período 4
MEDICINA 3

RISCO

É a era da manipulação genética para evitar as falências do corpo humano. Podemos caracterizar a etapa pela interferência preventiva ou curativa no aleatório da herança transmitida aos descendentes.

Ainda que a manipulação genética seja tecnicamente possível, as restrições de ordem moral e legal não permitem hoje a aplicação de todos os conhecimentos já disponíveis na solução dos problemas de nossa fragilidade orgânica.

Mas há outra questão: a velocidade do processo de desenvolvimento da biotecnologia em geral tende a ser maior que a do desenvolvimento de técnicas seguras de manipulação genética plena. As soluções tendem a ser encontradas com mais rapidez pela via da aplicação das outras altas tecnologias aos temas da medicina.

Por isso, pode-se supor que, antes que a solução venha a ser inteiramente operacional e universal, a viabilidade de ir para a etapa seguinte já esteja comprovada. À parte as considerações de ordem moral e ética, o potencial de benefícios na diminuição dos riscos de adoecimento parece ser incalculável, mas a alteração de DNA tenderá a ser deixada de lado antes, portanto, de seu apogeu.

Período 5

BIOTECNOLOGIA 1

RISCO

Este período será o do uso intensivo de avanços como a nanotecnologia para prevenção e tratamento individualizados.

O progesso tecnológico permitirá o início da transição para a eliminação do corpo físico. Em primeiro lugar, é provável que haja a substituição mais rotineira de órgão biológico por equipamento. A frequência desse uso tenderá a despertar o interesse por substituições preventivas. A segurança e a diminuição dos desconfortos de cirurgia e pós-operatório farão com que a substituição seja uma opção aos perigos normais da vida, uma vez que vai na direção da eliminação dos riscos da falência de órgãos.

Especulemos um pouco acerca da diminuição dos desconfortos de cirurgia e pós-operatório sem censurar a imaginação. Pensemos, por exemplo, em microincisões para introdução de nanorrobôs que levassem o substituto artificial e, ao mesmo tempo, desativassem o órgão natural. Admitamos que os minicirurgiões provocassem o ressecamento rápido do órgão, por exemplo, de modo que pudesse ser expelido quase que imperceptivelmente ou carregado para fora do corpo, quando os robôs estivessem de volta. Nada de desconforto durante ou após a cirurgia, que talvez nem tenha mais esse nome na época.

A possibilidade de substituição rotineira de certos órgãos por equipamentos tecnológicos permitirá o controle do risco de acidentes específicos e, muito importante, o início do controle sobre a decadência orgânica.

É provável que o sucesso das experiências em número suficiente para promover uma naturalização da prática ponha fim à interferência moral nos assuntos de medicina.

A adoção dos substitutos artificiais de alguns componentes poderá levar ao começo da revolução que a tecnologia permitirá à estética do corpo humano. Continuaremos a ter a mesma aparência? Pode ser. Faremos questão disso? Digamos que sim. Alguém imagina que, para o nível de desenvolvimento de que aqui tratamos, isso venha a ser um grande problema?

Assim, podemos dizer que esta etapa representa o início da vitória efetiva sobre o aleatório.

Período 6
BIOTECNOLOGIA 2

RISCO

Agora o grande avanço é o da substituição dos *sistemas corporais* por similares tecnológicos. A primeira grande vantagem dessa troca estará na possibilidade de miniaturizar o similar, para facilitar sua proteção contra os riscos de acidente.

Na prática, a tecnologia buscará o desempenho por meio artificial das funções de cada sistema. Por exemplo, em vez do complexo sistema digestivo orgânico, teremos um similar para a entrega controlada e direta dos nutrientes. O processo de digestão com seus riscos e incômodos desaparecerá, e é de esperar que não haja ninguém chorando a perda dele.

O mesmo tenderá a ocorrer com os demais sistemas, que serão substituídos por recursos que tratarão de cumprir as funções com diminuição dos riscos de falhas e acidentes.

O período representará uma época de grande vitória da humanidade sobre as adversidades naturais.

Período 7

BIOTECNOLOGIA 3

RISCO

É o período da minimização extrema do orgânico no corpo humano.

Veremos a diminuição progressiva da dependência em relação aos sistemas. Haverá a planificada eliminação de órgãos de todos os habitantes do planeta, provavelmente logo após o nascimento. Faria parte do pacote do parto como hoje o primeiro banho e o teste do pezinho. O bebê já sairia do berçário imunizado contra as adversidades. Depois, só ir atualizando os equipamentos. Isso que pode nos parecer um absurdo pela magnitude da universalização representará, em contrapartida, a liberação dos recursos hoje mobilizados para tratar as doenças.

A tecnologia permitirá, no entanto, que sejam evitadas grandes diferenças externas. Continuaremos a ter, se quisermos, o mesmo aspecto físico mostrado pelos ancestrais nas fotografias do álbum da família. Ou seja, poderemos não passar por alterações estéticas.

Mas pode ser que se dê neste momento a etapa final da revolução na estética do corpo permitida pelo desenvolvimento tecnológico. Quem sabe já estejamos prontos para admitir outra aparência.

Ora, a substituição radical de nossos componentes orgânicos, que tenderá a avançar nesta etapa, levará a essência humana a estar em interação com o mundo físico por meios artificiais. Nada impede, portanto, que haja modificação significativa na aparência com que nos apresentaremos uns aos outros. Não se pode garantir que venhamos a ter a vontade de mudar de aspecto, mas tecnologia não faltará.

Estamos aqui no período de diminuição máxima dos riscos da interação do homem com a natureza.

Período 8
INFORMATIZAÇÃO PLENA

Este é o período do ápice do processo de uso progressivo dos recursos para desempenho das funções orgânicas.

Chegaremos aqui ao momento do exílio virtual do indivíduo. Pela via da replicação de nossa essência em ambiente tecnológico, veremos então o desaparecimento da biologia humana. Com a eliminação do corpo, virão o consequente fim da interação com a natureza e a eliminação dos riscos correspondentes.

O migrante habitará uma espécie de bolha individual informática, em que viverá na mais completa autonomia e em plena segurança.

2m1

Lei da Organicidade Diminuída

O corpo humano será cada vez menos orgânico.

O indivíduo terá progressivamente menos componentes orgânicos naquilo que constituirá seu corpo. Com o tempo, os componentes perecíveis terão sua participação no organismo cada vez mais diminuída, porque haverá a substituição deles por recurso fornecido pelo desenvolvimento tecnológico.

A preocupação com o acidente ou a morte irá ficando menor. Com menos partes orgânicas e com substitutos mais resistentes, o corpo se tornará mais imune aos acidentes. Por isso, a mortalidade vai diminuir.

As falências, as doenças e as pandemias vão acabar. O controle tecnológico sobre o funcionamento orgânico significará que as falências de órgãos desapareçam ou que sejam resolvidas com a troca de componentes artificiais avariados. Claro que o conceito de doença não se aplicará aos órgãos artificiais: o uso de medicamentos será menos frequente. O mesmo ocorrerá com a ida ao hospital. Por fim, as pandemias vão também atingir menos a humanidade, que poderá defender-se dos ataques uma vez que nossa porção orgânica estará diminuindo.

Ora, a fragilidade humana está associada ao corpo débil. É verdade que as delinquências do caráter e as fraquezas emocionais trazem danos sérios à pessoa e a seu entorno.

Os desastres naturais também ameaçam. Mas é principalmente pela debilidade física que se montam as gigantescas e caras estruturas para cuidar da saúde e da segurança. Grande parte do nosso tempo é gasta com os cuidados que tentam evitar a decadência física e a morte.

Além disso, foi a consciência do quão vulnerável é o corpo que levou ao desenvolvimento das armas e demais artefatos de matar. Se os órgãos artificiais vão avançando na anatomia humana, até o risco de morte por guerra diminui, ainda que não desapareça de vez.

Na prática, pode-se prever que haverá diminuição do apelo à violência para resolver as divergências entre as pessoas, porque tenderá a ser inócuo ou menos preocupante, dada a relativa facilidade de reparar os danos. Em consequência, as ameaças de violência física como meio de intimidar tenderão também a funcionar menos.

Com o fim da instabilidade do corpo, vai diminuir a necessidade ou a efetividade de brigar com o concorrente pela sobrevivência.

2m2

Lei da Economia na Biologia Humana

É mais barato prescindir do corpo humano que resolver os problemas de sua fragilidade.

Em vez de gastar recursos com pesquisa de soluções fisio-químicas, mecânicas ou genéticas para os problemas e as fragilidades inerentes ao organismo humano, é mais prático, barato e seguro acabar com ele: substituí-lo ou anulá-lo.

Para que enfrentar o se não insolúvel pelo menos trabalhoso problema das imperfeições, da fragilidade e da decadência do corpo? A tecnologia permitirá escapar dessa armadilha ou desse desafio.

2m3

Lei da Conservação da Individualidade

O exilado virtual contará com proteção suficiente e autônoma da tecnologia para a conservação de sua individualidade replicada.

O momento do exílio será precedido das providências de resguardo da segurança, de modo que o indivíduo não correrá nenhum risco na transição. Essa não é uma orientação: é *a* orientação. Esse cuidado vai servir de parâmetro de avaliação para as providências relacionadas ao cruzamento do portão entre os dois mundos.

Como saber se o necessário está assegurado? A tecnologia saberá. Ou haverá plena segurança ou o momento da migração ainda não terá chegado. Para essa certeza, os recursos simularão e calcularão os riscos em função do que terão estabelecido como as condições ideais.

É imprescindível que a proteção adotada seja suficiente para anular qualquer espécie de risco presente ou futuro. Para isso, será preciso que as medidas sejam autoatualizáveis. Ou seja, segurança é ponto de máxima prioridade para a garantia de que as condições estejam satisfeitas.

Não por outra razão, o exílio virtual será o coroamento de uma tendência que já se verifica desde agora no desenvolvimento dos recursos, principalmente nos voltados para os problemas de saúde do corpo humano. O exílio não poderá ocorrer se houver a menor dúvida sobre o controle dos riscos.

Como esse é um ponto crucial e complexo, é provável que as demais condições sejam alcançadas primeiro. Ocorre que a segurança, pelo controle dos riscos, deverá ser concebida a partir das demais definições. Como cada detalhe das providências será abrangido por esse cuidado, segurança tenderá a ser o objeto da última checagem antes de iniciar o processo.

Além disso, é importante registrar que as medidas de preparação serão autônomas, não dependendo de solicitação ou de comando. Por se tratar de condição do processo de migração para o mundo virtual, não pode ser um item de cardápio para eventual escolha pelo consumidor. Não, por uma razão: a segurança de um pode interferir na do outro. Ninguém poderá renunciar às medidas de proteção, sob pena de colocar em risco o processo e os demais.

2m4

Lei da Consciência da Continuidade

A pessoa conservará a consciência da continuidade durante e após o processo de migração para o mundo virtual.

Ou estará garantida a replicação fiel da individualidade, inclusive memória e consciência, ou ainda não terá chegado a hora da migração. Repita-se o mantra.

Por isso, entende-se que estarem dadas as condições para o exílio significa a garantia de que a pessoa terá consciência da continuidade *da mesma vida* durante e após o processo de passagem para o novo ambiente. Logo, precisa contar com a manutenção das funções cerebrais, o que inclui, é claro, o que tem a ver com a chamada vida interior do indivíduo.

Quer dizer, não haverá apagão da consciência. O momento do clique que consumará o cruzamento do portão não poderá interromper a continuidade da consciência, única maneira de assegurar a continuidade da vida anterior no novo ambiente.

Preservar a consciência ligada mesmo durante o processo de migração pressupõe a manutenção da memória ativa e com os componentes replicados da vida física.

Em outras palavras, pelo tempo que durar a transferência para o outro lado do mundo em que vivemos hoje, o crucial é que a pessoa mantenha acesa a consciência de *quem é* e de que *estará passando pelo processo de exílio*. Como isso poderia ocorrer? Só podemos especular e assim mesmo de forma bastante genérica.

O acompanhamento do processo ou a manutenção da consciência ativa deverá se dar por uma espécie de conexão sem fio entre os dois ambientes, que se manteria ativa até completar-se a mudança. Podemos hoje apenas imaginar as características do tipo mais sofisticado de ligação que estará disponível na época.

O sistema que estiver administrando a migração começará por ligar o mecanismo de recepção implantado, digamos, no cérebro de nosso viajante. Nesse momento, uma câmera virtual passará a dar ao indivíduo a percepção do mundo a partir do ponto de vista da personalidade replicada do outro lado do portão tecnológico. Ou seja, ficaria como se a pessoa estivesse vendo o mundo por meio de duas telas simultâneas, a natural e a virtual. Seriam, então, duas perspectivas ou duas imagens simultâneas. Aos poucos, o sistema iria unificando as percepções até restar só a do novo ambiente.

Claro que estamos apenas batendo asas, imaginando as grandes linhas de ação, sem pretender o exercício de descrever as tralhas que as viabilizarão. Pensemos, como simples ilustração da lógica do processo, em etapas mais ou menos assim:

i. No primeiro momento, seria apresentada diante dos olhos físicos a seguinte pergunta: *Está ciente de que estes são seus olhos da percepção física?* Confirmada a percepção consciente, o sistema passaria à segunda etapa.

ii. Seria estabelecida a conexão entre o indivíduo original e a versão previamente replicada. Seriam, então, ligados os estímulos que simulariam uma espécie de segunda tela, a dos olhos virtuais, em que apareceria a respectiva pergunta de confirmação: *Está ciente de que estes são seus olhos da percepção virtual?* Confirmada a percepção consciente deste segundo ponto de vista, paralelo ao físico, o sistema passaria à terceira etapa.

iii. Dada a resposta *sim* às duas perguntas anteriores, o indivíduo seria instado a movimentar separadamente os joysticks imaginários de ajuste independente do foco de atenção de cada tela. Isso tornaria possível ver com os olhos virtuais e ver com os olhos físicos alternada e simultaneamente, digamos que um olhando a sala e o outro olhando o céu.

iv. A pessoa continuaria por um tempo a movimentação aleatória das duas visões, até acostumar-se com os dois pontos de vista da percepção do mundo, físico e virtual. Seriam, então, feitas as perguntas de verificação da consciência acerca do processo em andamento: *Está ciente de que as duas telas formam igualmente parte de sua percepção individual? Está ciente de que, neste momento, tem duas visões separadas, dois pares de olhos diferentes e mandando estímulos ao mesmo tempo para sua percepção individual?*

v. Às respostas *sim*, seguiria uma próxima pergunta: *Está ciente de que é você que comanda as duas fontes de estímulo à percepção?* Confirmada a consciência da realidade das percepções distintas, o processo avançaria para a próxima etapa.

vi. A pessoa seria agora instada a alternar as percepções, mundo físico e mundo virtual, a olhar para o céu pelos olhos virtuais e para a sala pelos olhos físicos, por exemplo, até ganhar o aprendizado da experiência de ver com os olhos do mundo virtual.

vii. Em seguida, o comando do sistema moveria o foco do mundo físico até fazê-lo coincidir por sobreposição com o foco do mundo virtual. Ou seja, os olhos físicos e os olhos virtuais passariam a ver a mesma coisa, apesar de ainda estarem ativos os dois joysticks.

viii. O próximo passo seria transferir todos os comandos ao mesmo joystick, o do mundo virtual, que passaria a conduzir de forma unificada e automática as duas percepções, dos olhos virtuais e dos olhos físicos, segundo a ordem cerebral dada pelo indivíduo.

ix. Depois de algum tempo, o sistema colocaria a percepção natural em uma espécie de hibernação, provavelmente com o uso de medicamento e estímulo compatíveis com o grau de virtualização do corpo. Quer dizer, a tela natural se apagaria, e a pessoa passaria a enxergar apenas com os olhos virtuais. Alguma informação, como uma imagem, por exemplo, seria apresentada apenas para a percepção virtual, que estaria ligada.

x. Em seguida, o comando do sistema despertaria a percepção do mundo físico e colocaria a percepção do mundo virtual em hibernação. Como teste, o sistema faria perguntas de controle à percepção física sobre a informação secreta dada apenas à outra percepção, mais ou menos assim: *Você está vendo o mundo agora apenas pela percepção natural, física. Esteve consciente durante todo o tempo em que esta percepção esteve hibernando? Continuou acompanhando sem interrupção o processo mesmo quando a percepção física esteve desligada? Pode dizer, para ratificação, que informação foi dada apenas à percepção virtual?*

xii. Se a percepção física responder *sim* às duas primeiras perguntas e acertar sobre a informação secreta, estaria comprovado que a migração poderia ser feita sem prejuízo da consciência. Mesmo a percepção física desligada, a pessoa teria continuado consciente do que estava se passando. Ou seja, estaria comprovado que a percepção virtual poderia assumir sem comprometimento, porque o indivíduo seguiria consciente durante todo o processo.

xii. Por fim, a percepção virtual seria religada. Seria repetida a experiência de experimentar as duas percepções isolada e simultaneamente.

xiii. Aí, outra vez seriam transferidos todos os comandos ao mesmo joystick, o do mundo virtual, que passaria a conduzir de forma unificada e automática as duas percepções, dos olhos virtuais e dos olhos físicos, segundo a ordem cerebral dada pelo indivíduo.

ix. Nesse momento, a transposição poderia se completar com o desligamento da percepção física, o que ainda poderia ocorrer em dois passos: primeiro, outra vez seria colocada em hibernação por um período mais longo, talvez semanas ou meses, até que se verificasse na prática o funcionamento pleno de tudo; por fim, a percepção física seria desligada de vez. O que restasse do corpo humano seria provavelmente enterrado ou cremado, como num encerramento usual da vida natural. A propósito, lembremo-nos de que esse corpo já deverá ser em boa medida um conjunto de equipamentos substitutos.

Visão ao mesmo tempo ingênua e fantasiosa de algo que deverá ser tão complexo?

Pode ser que sim. Mas é uma forma de especular sobre um processo que só vai se desenhar concretamente quando a tecnologia já não se satisfizer com mais do mesmo e tiver partido para experimentar avanços que levarão a mudanças *na natureza* das soluções. O que não nos leva a lugar nenhum é querer aplicar nossas atuais limitações ao desenho que ainda é do mundo da imaginação.

Não é segredo que até agora nada se tenha avançado na reprodução virtual da consciência. Mas não parece prudente analisar esses e outros temas com a visão simplista de mera extrapolação das soluções e dos recursos de hoje. Talvez a replicação da consciência exija mais que isso. Talvez ela e sua conexão com o indivíduo ainda habitante do corpo físico e com o indivíduo em migração exijam uma mudança qualitativa na forma como tentamos copiar os atributos humanos relacionados com a abstração. Talvez, por isso mesmo, se trate de solução ainda não antevista ou intuída.

Outra observação importante é que a tecnologia existente na época permitirá também guardar em arquivo físico as informações genéticas do migrante mais um backup de sua individualidade levada para o novo mundo. Alguma medida de segurança do tipo, inclusive com a redundância de prudência, seria adotada. Em resumo, podemos prever que a segurança estará sempre no topo das prioridades.

Por fim, é razoável supor que muitos testes serão feitos antes de a migração virar realidade. Quer dizer, podemos pensar num conjunto prudente de cuidados: testes prévios, backups redundantes do indivíduo e sistema de confirmação da consciência durante e após o processo de migração.

O que não parece deixar dúvida é que é para aí que caminhamos. Não é ajuizado ignorar o quanto avançamos no último século, em especial nas últimas décadas, em direções antes nem suspeitadas. O fato de não termos a solução ou não supormos por onde ela viria quer dizer muito pouco, conforme ensina a experiência recente. O rompimento reiterado de limites por meio das saídas tecnológicas para os impasses nos dá a segurança de preferir aceitar mais essa conquista como questão de tempo.

É provável que nosso acanhamento em fantasiar avanços nesse domínio tenha a ver com o preconceito contra brincar de Deus justamente em relação àquilo que julgamos ser atributo sagrado da essência humana, como a consciência. Aliás, essência de um ser superior na escala da criação, que é como nos vemos. Mas quem sabe nosso antropocentrismo não nos tenha feito superestimar a singularidade que teríamos em relação aos demais habitantes da Terra? Quem sabe não venhamos a descobrir, meio envergonhados, que não somos assim tão inimitáveis? Quem sabe!

Tudo indica, portanto, que a sensatez especulativa aponte mais na direção da tendência de migração integral do ser humano, o que inclui a consciência. Se é que se pode falar de sensatez quando se ousa ir tão longe futuro adentro.

2m5

Lei da Desnecessidade da Nutrição

O mundo virtual preservará o prazer de comer e beber mesmo com o fim das necessidades nutricionais do corpo.

Como o mundo virtual será uma replicação, perfeita por verossimilhança, da vida ideal no mundo físico, nenhum prazer será retirado do indivíduo, inclusive os de comer e beber.

A percepção física será replicada por verossimilhança. A pessoa terá a sensação de comer e beber como o faz na vida física, com a diferença de que essas atividades não serão necessárias do ponto de vista nutricional.

2m6

Lei da Preservação da Função

Uma vez que o como fazer a atividade humana muda com o desenvolvimento da tecnologia, o importante é reproduzir função e produto.

Para obter vitória sobre a decadência do corpo, o foco da tecnologia será na reprodução de função e respectivo produto dos sistemas orgânicos.

Precisamos ter a função desempenhada de forma a garantir o suprimento do produto. Se for por simples verossimilhança ou por conhecimento profundo de funcionamento e de relações orgânicas de causa e consequência, não importará.

Apesar disso, não parece haver dúvida de que a tecnologia virá a ser mais eficiente na reprodução, por verossimilhança, da função e respectivo produto que na tentativa de "entender" o fenômeno natural, ocupação milenar da ciência que não tem conseguido frear a degeneração em velocidade proporcional ao investimento.

Por isso, a virtualização significará mais que nada a preservação de funções e produtos dos sistemas orgânicos. No período pré-migração, os produtos concretos ainda serão decisivos para a manutenção do corpo físico em funcionamento. Depois, não mais terão utilidade.

Quando ocorrer o exílio, haverá uma mudança de natureza na replicação da vida em ambiente virtual. É provável que a necessidade de reprodução sistema por sistema dê lugar à replicação por verossimilhança apenas dos efeitos do produto que chegam ao cérebro. Ou seja, não mais precisaremos do produto em si. O nutriente que serve para movimentar os músculos, por exemplo, perde utilidade, mas a sensação de movimento deve continuar chegando ao cérebro. Então, não necessitaremos mais do nutriente, mas a chegada do estímulo ao cérebro replicado precisará ser reproduzida sob pena de termos prejuízo na percepção de continuação da vida no novo mundo.

Garantir a continuação dos estímulos é crucial para os processos abstratos, como arquivamento de informação na memória, avaliação subjetiva da experiência, reação emocional, curiosidade e raciocínio.

2m7

Lei da Replicação Psicológica

A migração deverá preservar a possibilidade de experiências que contribuam para o fortalecimento psicológico da individualidade.

A tecnologia, tomando por base as conclusões científicas até o momento dessa definição, identificará o cardápio de experiências que possam fortalecer psicologicamente o indivíduo, e essas experiências lhe serão proporcionadas como parte intrínseca do processo de migração.

Em síntese, é provável que o mundo virtual seja formatado de maneira que a pessoa exilada possa experimentar nãos e frustrações, por exemplo, na medida da necessidade do fortalecimento de suas defesas psicológicas. Convém lembrar que a perspectiva de uma vida de duração indeterminada é inédita e poderá provocar transtornos psicológicos importantes.

A carga de desconfortos das experiências psicológicas induzidas, no entanto, não poderá comprometer a garantia de autodeterminação da pessoa, que fará no exílio o que quiser. As experiências servirão mais como alerta ou lembrete de que percalços e frustrações podem ocorrer em relação diretamente proporcional ao grau de abertura da pessoa à interação com outras entidades do mundo virtual. Trata-se de garantir o fortalecimento da maturidade.

Mas pode ser que o simples viver a vida na perspectiva da duração indefinida já seja suficiente para ir removendo as escaras da imaturidade.

2m8

Lei da Ressurreição Tecnológica

A tecnologia permitirá o renascimento virtual pleno dos mortos.

A tecnologia permitirá o renascimento virtual dos que morreram em qualquer época da humanidade.

A fidedignidade da replicação do indivíduo no mundo virtual dependerá, porém, da quantidade de informações específicas sobre ele que constem do ambiente de processamento.

Ou seja, tanto mais próxima do real será a replicação quanto mais informação sobre o original houver ou puder ser inferida.

Essa perspectiva pode levar a experiências de resultado positivo ou negativo. Como a ressurreição deverá ser generalizada, não veremos a circulação apenas de personagens simpáticos e queridos, nossos pais e avós. Virão também os monstros e os polêmicos. Haveria um limite? Poderíamos trazer de volta Gandhi e Napoleão? Tiradentes e Silvério dos Reis? Leonardo da Vinci? Marie Curie e Catarina da Rússia? Átila, Nero, Mao e Stálin também?

Ora, as normas não alcançarão as bolhas individuais em que cada pessoa viverá. Um dos exilados poderá, então, ressuscitar Hitler apenas em suas fantasias internas, no ambiente fictício que resolver criar para si, ou poderá ativar a figura ressurreta como bolha autônoma na vida pública, à revelia dos demais? Em tese, tudo possível.

O indiscutível é que ocorrerá o renascimento de figuras históricas, com vida real comprovada, ou fictícias e mitológicas. Como não haverá a limitação de recursos do mundo físico, todos os mortos poderão voltar à vida. A condenação moral não deverá ser suficiente para impedir os seres das profundezas de voltar de lá e respirar o oxigênio da virtualidade.

A volta à vida de personagens do passado alterará a química no mundo do lado de lá do portão tecnológico? Difícil dizer que eles venham a ter o poder de influir nas relações entre as entidades autônomas que serão as pessoas ou nas próprias condições objetivas de existência no mundo não físico. Como figuras marcadas por carga simbólica, porém, deverão trazer à tona discussões novas sobre assuntos envelhecidos. Não deixa de ser interessante a perspectiva de assistir, por exemplo, a um julgamento público dos vilões que tinham conseguido escapar da justiça. Que diriam agora em sua defesa? Reconheceriam os erros? Revelariam segredos que poderiam mudar nossa visão? Isso poderá mudar a humanidade?

A ver.

2m9

Lei da Irrelevância da Superioridade Humana

A vitória sobre a degeneração orgânica tornará irrelevante a pretensa superioridade humana sobre a máquina.

O computador nunca chegará a produzir uma genuína obra de arte no que ela tem de imprevisível nem saberá jamais o que é ter senso de humor no que ele é de molecagem provocativa. Por isso, seria irrealizável qualquer projeto de reprodução da vida humana em ambiente de máquina.

Ora, o ser humano é superior à máquina, porque ela não pode emular características que envolvam sensibilidade, empatia e inventividade. Verdade, não é? É? É preciso ir com muita calma nesse debate. O certo é que não sabemos. Ou melhor, não dá para dizer. A velocidade de processamento vem desmontando muitos dos argumentos em defesa da tese de que o humano seja insubstituível, e a mudança em forma de processamento pode vir a fazer mais ainda na mesma direção.

Só que a questão nem é essa para nossa abordagem aqui.

Não se trata de comparar humano e computador. A questão é de opção pelo melhor caminho, porque, por mais *superior* que seja o ser humano, ele sofre de uma debilidade insanável: a degeneração do corpo. Disso não escapa. Quer dizer, não escapa sozinho, mas escapa se tutelado pelos recursos tecnológicos. Aí está a diferença: a tecnologia pode vencer a debilidade que empana o brilhantismo com que os humanos se destacam dos demais habitantes da Terra no enfrentamento das adversidades.

Se a arte produzida por gente será sempre mais arte que a que venha a ser produzida pelos recursos tecnológicos autônomos em seu auge futuro, talvez pouco chegue a importar se o preço for continuar sujeitos à predação implacável dos inimigos naturais que vencem o corpo.

Portanto, diante da promessa de ter resolvido o grande problema do corpo vulnerável e perecível, não é só que nossa pretensa superioridade pareça irrelevante. Diante dessa promessa de vitória sobre as doenças e a morte, parece irrelevante até mesmo continuar a discussão.

Tudo indica que ela seja colocada de lado por conta da viabilidade de replicação no mínimo muito aproximada de nossas individualidades. Os testes pré-migração tenderão a demonstrar que a reprodução virtual será tão próxima do original orgânico que as diferenças serão ignoradas ou minimizadas. A verossimilhança ganhará a batalha contra a fidelidade plena, porque a tendência é que as pessoas elejam o descarte das doenças e da morte, embora suspeitem que possam estar perdendo o algo indefinível de que desconfiamos ser portadores.

Talvez o desenvolvimento tecnológico venha a demonstrar, para nossa decepção, que a singularidade seja bem mais modesta do que vem sonhando o humano sentimento de grandeza da espécie em face das outras criaturas do plano natural do mundo. Talvez. Mas, ainda que essa demonstração não venha, os atrativos da migração para o mundo virtual serão significativamente tentadores.

Em resumo, a tendência será o ser humano comprar o bilhete da viagem para o exílio com a sensação clara de estar fazendo um grande negócio.

2m10

Lei do Ajuste Humano

Eventual necessidade de ajuste nas definições do mundo virtual que venha a ser identificada por indivíduo exilado será automaticamente avaliada pelos recursos tecnológicos.

Ainda que remota, existe a possibilidade de que a sugestão de ajuste nas características do mundo virtual parta da percepção de indivíduo exilado. Como os recursos se desenvolvem por aprendizado de máquina, pode haver alguma, ainda que improvável, descoberta humana de necessidade de ajuste.

O natural é que as decisões sejam tomadas já com a certeza de sucesso ou que as providências de ajuste venham a ser tomadas automaticamente quando a circunstância o exigir. Mas esse é o caminho natural, que não é o garantido sempre.

Situações extraordinárias poderão não levar à percepção das vantagens de determinado ajuste por parte dos próprios recursos. Ou pode ser que a percepção humana encontre uma variante que seja igualmente efetiva, mas que traga outra possibilidade de satisfação. Como não seria mesmo um problema real, que exigisse providência corretiva automática, poderia escapar aos olhos técnicos dos recursos, mas não à sensibilidade de alguém.

Pois essa necessidade ou a eventual sugestão de solução para ela precisarão ter um garantido canal de apresentação ao exame da tecnologia. É preciso que seja garantida a forma de uma ação humana ser aceita como iniciadora de um processo de revisão de definição tecnológica, justamente para a eventualidade de uma saída alternativa.

Essa apresentação poderá ser indireta, pelo simples registro da ideia em comunicação com um terceiro, por exemplo. A pessoa não precisará, nesse caso, repetir a sugestão de forma direta, porque nada estará escapando do acompanhamento pelos recursos automáticos. Aliás, esse tipo de análise é o que caracteriza a etapa de assunção da ciência pela tecnologia. Afinal, a apresentação indireta não deixa de ser uma informação disponível no ambiente de processamento.

Mas poderá ser criado um canal específico para a submissão dessas propostas de ajuste. Neste caso, haveria uma espécie de formulário de sugestão para que a pessoa as encaminhasse de forma mais próxima do que hoje conhecemos como burocrática. A análise seria feita pelos recursos como se a sugestão fosse mais uma informação disponível em rede.

É lícito esperar que a possibilidade de ajuste por iniciativa humana vá ficando cada vez mais rara, em consequência do aprendizado de máquina, que continuará ocorrendo.

2m11

Lei do Conhecimento do Universo

O exílio não interromperá a marcha humana para desvendar o universo.

Que fazer com as nasas e os astronautas quando o ser humano for sem corpo morar na virtualidade? Foguetes e naves irão para o depósito de sucata, porque não terão mais quem carregar? Trajes espaciais dormitarão esquecidos no closet, porque não terão mais a quem vestir? Que passará com o sonho de mapear a geografia que começa ali depois da atmosfera?

Primeiro, é bom lembrar que no momento do exílio já teremos dado novos passos e saltos para mais longe de casa. Pode ser que, em vez de respostas, tenhamos encontrado nesse futuro nada mais que novas perguntas, mas certamente não teremos ainda sossegado a curiosidade. Será, então, que vamos meter essa bisbilhotice no saco e apenas fazer a sesta no berço esplêndido do mundo incorpóreo? Difícil acreditar.

Segundo, não parece haver dúvida de que tenderemos a inverter de vez a lógica do turismo espacial: em vez de ir avaliar a viabilidade de construir um balneário sob a calota polar de Marte, trazer o polo do Planeta Vermelho para examinar de perto no galpão do quintal. Em vez de arriscar a sanidade dos heróis cosmonautas em viagens claustrofóbicas, apertar o botão do controle remoto e dar o pequeno passo para o homem, mas um gigantesco passo para a humanidade no pequeno espaço de nossa sala de visita. Em vez de ir lá, trazer o que está lá para cá.

Imagine a mistura de um espectrômetro com o telescópio James Webb mais a nave Perseverance e uma impressora 3D. Imaginou? Então, agora imagine essa mistura mas com a tecnologia lá do futuro. Imagine então esse enorme transformer frankenstêinico dentro de um gigantesco galpão no pátio dos fundos do Cabo Canaveral ou da Base de Alcântara. Pense por fim no inverso dos nossos sonhos juvenis: no lugar de ir a Marte, trazer Marte para o galpão, com a mesma composição, com o mesmo relevo e a mesma falta de atmosfera. Um Planeta Vermelho igualzinho, só que miniaturizado, do tamanho, digamos, da cúpula da Basílica de São Pedro. Pense nos cientistas metendo a mão na massa do óxido de ferro poeirento e andando quase sem gravidade pelo legítimo solo replicado. Pensou?

Pois é. É muito provável que a exploração do espaço a partir do exílio seja igualmente virtual ou, o que é também provável, que já venha sendo virtual antes da migração do primeiro grupo de viajantes para as bolhas informáticas do novo mundo.

A verdade é que essa viagem ao revés – em vez de ir ao destino, trazer o destino até nós – já é realidade hoje. Quando o telescópio nos traz a foto da galáxia, somos nós indo até lá, mas é da mesma maneira a galáxia vindo até aqui. Indo ou vindo, é já hoje uma viagem. A diferença é que, quando vamos buscar a imagem da galáxia para a foto, não temos tempo de olhar pela janela ou de dar uma parada para esticar as pernas num dos planetas do caminho. Mas passamos por eles.

Os sons que nossos aparatos gravam do espaço são outra demonstração de que os corpos celestes distantes nos passaram a perna faz tempo no que se refere a quem visita quem. Estão certos os ufologistas quando sussurram em segredo que eles já estão entre nós. É verdade.

Podemos imaginar, portanto, que as expedições virtuais a qualquer lugar do universo comecem antes do exílio dos seres humanos. É quase certo, pelo nível de sofisticação envolvido, que saibamos fazer isso antes de dominar os últimos detalhes da migração.

Apontaremos nossos equipamentos de análise e receberemos relatórios completos, a partir dos quais construiremos réplicas para estudo e turismo ou, se quisermos ou precisarmos, embarcaremos com mais segurança para uma visita presencial de corpo ausente. A parafernália de apoio promoverá uma espécie de extensão de nossos sentidos, e a viagem permitirá a mesma experiência das velhas missões controladas das salas nervosas das bases terráqueas, só que sem que nos movamos da poltrona de casa.

Poderemos ter todas as sensações de um safári interplanetário, inclusive pequenas atribulações da viagem, e tocaremos com os pés e as mãos as superfícies mais promissoras e igualmente aterradoras que nossa imaginação já tenha visitado em sonho. Para o bem e para o mal, talvez nunca mais tenhamos a oportunidade dramática de repetir a Houston que "we've had a problem", mas poderemos abrir ficticiamente a escotilha do módulo na volta e sair, como os astronautas do passado, para a imensidão do oceano, à espera do resgate. Só que sem ter tido um único sobressalto perigoso.

Se é provável que já tenhamos como fazer essas viagens interplanetárias em segurança bem antes de migrar, menos ainda nos arriscaremos quando fizermos exploração espacial depois de estar morando no mundo virtual. Continuaremos, claro, viajando em meio aos astros com nossas naves sutis, obedecidas algumas regras de segurança.

O contato das pessoas com as naves será similar ao que ocorrerá na comunicação e na relação interpessoal: por intermédio de entreposto físico. Os impulsos incorpóreos em que navegaremos transitarão por meios concretos do ambiente sideral. Em ondas ou partículas capturadas para servir de veículo, nossa replicação energética tomará o rumo obediente da rota que for traçada a partir das bolhas individuais. Trafegará, fará paradas exploratórias, mandará fotos e relatórios das descobertas e obedecerá a nossos comandos para tocar as amostras de matéria e revirar as tocas e os subsolos do caminho de estrelas.

Com o suporte e a liderança acadêmica dos recursos tecnológicos autônomos da época, seguiremos ajuntando descobertas e novos conhecimentos sobre o universo.

LM3

LEI DOS DOIS MUNDOS

A tecnologia dividirá fisicamente a humanidade em dois mundos.

A divisão do mundo entre pobres e ricos será substituída pela divisão entre beneficiários dominantes e beneficiários secundários da tecnologia. O primeiro grupo desfruta e desfrutará todas as descobertas e desenvolvimentos; o segundo recebe e receberá muito mas não tudo nem ao mesmo tempo.

O acesso à alta tecnologia, como hoje, chega primeiro para os com mais poder de compra. Depois, com a vulgarização das soluções, até mesmo pela chegada ao mercado de opções ainda mais sofisticadas, o acesso vai sendo popularizado.

Em resumo, podemos dizer que os beneficiários dominantes recebem os avanços em primeiro lugar. Isso fará diferença na hora de definir como se comporá o grupo dos que terão ingresso para o novo mundo.

Aos beneficiários secundários os avanços chegarão, ainda que com atraso relativo, até porque a venda das novidades é que garantirá a entrada dos desenvolvedores de novas tecnologias no mundo dos mais ricos, o que indiretamente ajudará a financiar o exílio dos dominantes.

Já os beneficiários dominantes formarão o mundo dos autônomos, daqueles que tenderão a não precisar de mais ninguém, menos ainda dos que viverão no mundo à parte, deixado para trás na hora da migração. Justamente a tecnologia plena é que criará as condições para essa autonomia.

Os secundários viverão no mundo físico dos beneficiários dependentes, a quem os recursos serão fornecidos apenas na medida das necessidades de uma existência que não ameace o outro grupo.

Como se vê, o critério de divisão do mundo tenderá a não ser mais o da riqueza econômica. Não diretamente, porque o grupo de beneficiários dominantes reunirá, além dos mais ricos tradicionais, os controladores da tecnologia, que podem ainda não ter feito o dinheiro que seus produtos valerão no mercado. *Ainda*, mas terão com o que barganhar a entrada na elite empoderada, porque o valor se transformar em capital é mera questão de tempo. É fácil entender que a condição de suprir carências no desenvolvimento tecnológico faz deles membros de destaque instantâneo na economia. Se o fenômeno é comum agora, que dirá nos tempos que virão.

Estamos chamando de controladores aqueles com domínio sobre o uso codificado de soluções tecnológicas de alta significação no mercado. A existência desse grupo de controladores estará na dependência de sua capacidade de defender-se do comportamento naturalmente comprador do grande capital ou da atração que as big techs exercem sobre os profissionais de maior potencial criativo.

É mais comum que essas pessoas sejam aquelas com um grande produto recém-criado nas mãos, a que tenham chegado de forma independente. A posse de uma inovação de muito valor tenderá a ser transformada com mais inteligência em poder econômico de agora em diante, por conta dos inúmeros exemplos de sucesso instantâneo. Os inovadores estarão mais atentos e menos ansiosos a aceitar a primeira proposta de compra que lhe apresentem. Por isso, *controladores* é o termo mais apropriado para fazer referência a eles.

A perspectiva do exílio virtual, que terão mais probabilidade de prever que as demais pessoas, tenderá a fazer esse grupo resguardar-se da cessão do total dos produtos que desenvolvam. O mais provável é que os controladores da tecnologia mantenham na manga aquilo com que poderão negociar sua participação na viagem. Tenderão a usar o que tenha valor decisivo para o processo de migração como trunfo para entrar em igualdade de condições no rol dos viajantes. O aplicativo promissor, por exemplo, funcionará como senha para entrada no rol restrito dos que vão cruzar o portão com a primeira leva.

Claro que estamos analisando a tendência em tese, porque, como é comum hoje, os desenvolvedores que são ao mesmo tempo os proprietários de soluções tecnológicas de ponta já têm posição de destaque na economia mundial. Não parece lógico achar que haja razão para mudança. Ao contrário, a humanidade estará mais e mais dependente do usufruto dessa produção sofisticada, o que faz com que o natural seja que os controladores entrem de modo automático na elite econômica.

Os beneficiários secundários serão os demais. Entre eles poderá seguir havendo uma estratificação baseada nas condições econômicas. O mais significativo, no entanto, é que não terão as informações sobre o que se passa de verdade no mundo dos autônomos, que lhes serão invisíveis.

A separação entre os dois grupos será total a partir da migração. Um grupo não terá interação com o outro, apesar de o mundo dos autônomos manter por um tempo a gestão do mundo físico pelo controle que continuará tendo da distribuição dos benefícios da tecnologia.

A tendência é que chegue o momento, no entanto, em que não haverá mais interesse ou necessidade de os autônomos se preocuparem com o rumo das coisas no mundo dos dependentes, porque nada que ocorra aí poderá ameaçar ou atrapalhar a vida no mundo virtual. A partir de então, os dependentes seguirão por sua própria conta. Como não saberão que o outro grupo estará apartado, seguirão vivendo aquilo que acreditam ser a história da espécie humana da Terra.

3m1

Lei das Duas Histórias

A virtualização do corpo dos exilados será o entroncamento entre duas continuações da história humana, que tenderão a não mais se encontrar.

A ruptura entre os dois mundos significará a separação entre duas histórias que tenderão a manter fios autônomos e independentes.

Os habitantes deixados no mundo físico seguirão como se nada houvesse passado, alimentando e combatendo os conflitos de sempre, com memória do passado, mas tendendo a não ter consciência da ruptura que terá levado os exilados a uma vida qualitativamente diferente.

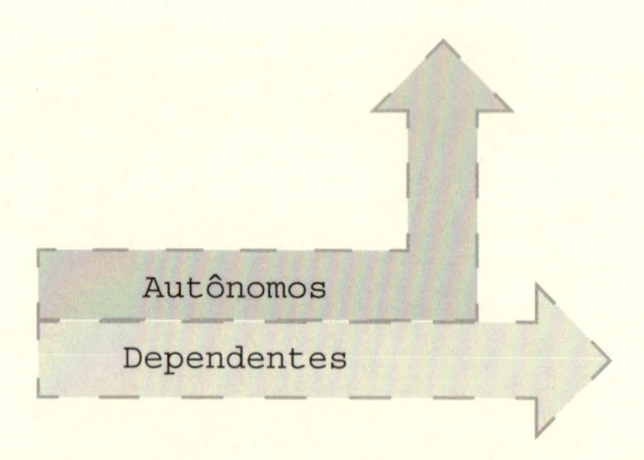

Separação das duas histórias: consciente para autônomos, invisível para dependentes.

As duas histórias não terão por que conversar. Como os dois mundos viverão realidades que não se comunicam, não haverá necessidade de interação. O mundo físico não saberá da existência do outro e, portanto, não terá como tomar iniciativa de contato. O mundo virtual, no entanto, não somente saberá da existência do outro, mas disporá de recursos para a comunicação.

Só que a comunicação, quando convier aos exilados, será unidirecional. Alguma interferência secreta no mundo físico até poderá ocorrer, mas não convirá aos exilados abrir uma brecha na segurança, que estará protegida apenas se houver o corte da interligação.

Nada impedirá, como se vê, que os exilados venham a fazer intervenções aleatórias ou programadas no mundo físico, embora sempre por vontade ou curiosidade, e não por necessidade de defender-se.

Pelos cuidados tomados até como condição para que haja a migração, o mundo dos exilados não correrá nenhum risco pelo que se passe no mundo dos permanecentes da Terra.

De qualquer maneira, as duas histórias terão seguimento independente uma da outra. Para os que ficarem no mundo físico, o rompimento será invisível e não deverá marcar o nascimento de um novo período. Para os migrantes, porém, o momento será de inauguração de um período tão diferente do que se encerra que ficará como o marco inicial de uma nova civilização.

3m2

Lei dos Dois Ambientes

O mundo dos exilados ocupará o espaço virtual, enquanto o mundo dos permanecentes continuará vivendo a vida humana do ambiente físico.

Os exilados, por serem os que terão acesso integral aos benefícios da tecnologia, ocuparão o espaço virtual. As interações, os negócios, os entendimentos e os progressos, tudo ocorrerá num ambiente invisível aos dependentes, que não saberão do que se passa com o outro grupo.

No mundo físico, visível aos exilados, permanecerá a história humana como conhecida.

Poderá haver um período de transição, em que os exilados ainda não terão migrado, mas já estarão invisíveis aos demais. Os recursos tecnológicos à disposição dos mais ricos poderão erguer uma barreira física de separação que crie uma espécie de bolha de invisibilidade. Essa apartação poderá ser vista como aconselhável para facilitar a preparação para o exílio, porque será uma forma de deixar fora do convívio público aqueles que não só vão ser replicados como também precisam encerrar os assuntos da vida física com discrição. É provável que essas providências fiquem menos atribuladas sem qualquer distração que possa pôr em risco a segurança da partida.

Talvez esse passo intermediário venha a ser necessário mais ainda para preparar o desaparecimento do mundo físico daquelas personalidades que tenham visibilidade, vida pública conhecida de boa parte daqueles que não embarcarão para a nova existência. Esse anteparo de proteção do grupo de viajantes permitirá cumprir o tempo de transição sem conflito visível com a narrativa individual que for apresentada para explicar o desligamento das atividades no mundo físico.

Solução complementar à da bolha física será a da construção das narrativas que sirvam de camuflagem para o contingente dos migrantes. Por exemplo, alguns poderão simular mudança para um lugar remoto, de onde poderia vir a público uma estada fictícia em forma de fotos e vídeos, o que poderia continuar mesmo após o embarque para a viagem.

Nada impede que as duas opções e outras mais sejam adotadas em conjunto, de forma que os desaparecidos poderão até seguir vivendo de mentira no mundo físico temporária ou definitivamente. De todo jeito, terão que construir uma versão que termine em morte, única maneira de encerrar de modo convincente a vida física na memória do mundo do lado de cá.

A coordenação automática das versões individuais cuidará de não deixar transparecer a coincidência de muitos desaparecimentos simultâneos em várias partes do mundo e, mais chamativo ainda, de pessoas de destaque nas respectivas sociedades. É por isso que a alternativa de algumas narrativas pessoais incluírem a falsa continuação na vida física deverá ser usada para administrar da maneira mais segura, que não levante especulações preocupantes, o assunto da conclusão pública da história de vida individual.

Todo o cuidado deve ser tomado para não chamar a atenção para a migração, porque a tendência é que a solução, pelo provável altíssimo custo, não esteja naquele momento à disposição de todos os habitantes do planeta.

3m3

Lei dos Mundos Paralelos

A evolução tecnológica no mundo dos permanecentes tenderá a levar a outros fenômenos de migração para mundos virtuais paralelos.

Apesar de os exilados terem que sequestrar os avanços da alta tecnologia durante e para a migração a fim de permitir um processo de exílio seguro e controlado, as bases que farão possível o fenômeno continuarão à disposição das pessoas que ficarão no mundo deixado para trás.

Isso, teoricamente, pode levar a nova chegada à situação de existência de condições para uma próxima peregrinação. A lógica nos permite afirmar que isso ocorrerá em um segundo ponto do futuro, quando outra vez forem satisfeitas as exigências de conhecimento, em especial quanto a segurança. Aí, processo semelhante de mudança de um grupo para o mundo virtual se produzirá, com a repetição de cuidados e riscos.

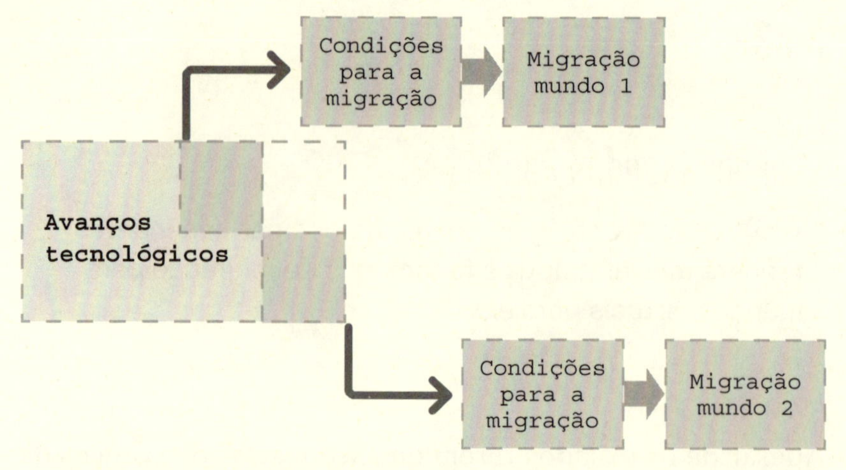

As sucessivas migrações vão criar universos paralelos virtuais.

Ou seja, a tendência é que tudo se repita periodicamente: um novo grupo vai para o mundo virtual, e o remanescente permanece no mundo físico.

Ocorre que o grupo viajante tenderá a criar seu *universo*, uma vez que não existirá portal para acesso ao do grupo anterior. Isso significa que cada nova leva formará um universo virtual autônomo paralelo aos então existentes, sendo improvável, mas não impossível, a comunicação com eles num primeiro momento, quando a ênfase dos migrantes estará na segurança da viagem.

Como a preocupação estará no cumprimento das condições para o exílio, é compreensível que seja evitada a abertura para contatos com mundos desconhecidos. Não se descarta, no entanto, que a partida seja acompanhada por grupos anteriores, que estarão com certeza mais seguros para fazer a observação.

Com base nessa constatação, podemos especular que não seja despropositado admitir que a iniciativa de contato posterior fique com os grupos mais antigos no espaço virtual.

O intervalo entre as viagens deverá ser aumentado intencionalmente pelas medidas de segurança e pela lacuna que precisará ser vencida para outra vez haver cumprimento das condições. O sequestro dos avanços tecnológicos feito pelos exilados redundará em atraso no fechamento de novo ciclo para chegada ao próximo momento de migração.

Isso tende a ser verdade. No entanto, é de esperar que a humanidade possa experimentar esses fenômenos em intervalos sempre menores, uma vez que os recursos deixados para trás tenderão a ser gradativamente mais desenvolvidos.

Ou seja, os recursos em uso pela população em geral tenderão a estar cada vez mais próximos do necessário para a nova migração, o que vai aumentando a probabilidade de chegada mais rápida desse momento.

É provável a chegada da situação em que o remanescente do mundo físico terá a oportunidade de mudar-se. Este último trem para o futuro do futuro levará à libertação do planeta da praga da vida humana sobre ele.

Sem a presença que quase acaba com ela, a Terra iniciará o processo de regeneração, entregue apenas aos animais que menos a prejudicam. Enfim, ser humano e planeta a salvo da destruição.

Essa situação talvez seja a configuração mais próxima do paraíso fora do Céu da religião.

3m4

Lei da Comunicação em Paralelo

A evolução tecnológica no mundo dos exilados tenderá a levar ao desenvolvimento de ferramentas e sistemas de descoberta e monitoração dos universos paralelos no espaço virtual, o que possibilitará a comunicação interuniversos, inclusive navegação.

Claro que o ambiente do mundo virtual propiciará as condições de criação de soluções tecnológicas específicas para as novas necessidades. A própria existência desse mundo trará o imperativo de monitoração do ambiente externo por razões de segurança. A criação de ferramentas e sistemas para essa vigilância levará ao desenvolvimento de soluções de visita informática a outros universos.

Ou seja, em tese haverá a possibilidade de comunicação entre os universos. As demandas por segurança dificultarão o estabelecimento de objetivos comuns, uma vez que a própria existência de qualquer espécie de inter-relação já seria fonte de risco. Ainda assim, será possível viajar pelos outros universos e manter comunicação com eles, atendidos os cuidados necessários à defesa da integridade da bolha individual e à preservação dos mecanismos de resguardo.

Aliás, essas conjeturas levam a admitir a hipótese de que já existam universos paralelos ao nosso. Por que não?

3m5

Lei do Conflito Invisível

A população do mundo físico receberá as consequências, mas ignorará o conflito com o mundo virtual.

Qual o objeto de disputa entre dois mundos que nem interagem? Antes da partida para o exílio, certamente o usufruto dos recursos tecnológicos mais avançados. Só haverá tranquilidade para organizar a migração se os habitantes deixados para trás no mundo físico não interferirem no que estará se passando. Por isso, o conflito de interesses precisará ser disfarçado ao máximo.

O auge desse conflito será a invisibilidade da guerra que estará sendo travada entre os dois grupos. Único consciente do que se passa, o do mundo virtual tudo fará para garantir eterna preponderância. Essa consciência tenderá a levá-lo a camuflar ao máximo a disputa, porque não duvidará de que o melhor será a invisibilidade, mas tratará de apoderar-se dos avanços da tecnologia e de garantir que os permanecentes acessem com atraso essas facilidades.

Inconscientes da batalha que perderão sem luta, os deixados por aqui tenderão a não passar pelas atribulações típicas de uma disputa. A guerra invisível durará o tempo necessário à transição dos viajantes para o mundo depois do portão tecnológico. Durante esse período, a força dos exilados manterá os permanecentes a distância. O resultado da contenda é previsível: os migrantes passarão para o outro lado nas condições ideais e levando consigo o domínio dos mais recentes avanços. Os abandonados aqui nem saberão o que perderam. Mas perderão.

3m6

Lei da Homogeneização Desigual

Mesmo com a tendência de universalização do acesso a recursos, o grupo dos migrantes será o mais beneficiado pelo desenvolvimento tecnológico.

O acesso ao que é mais atual no desenvolvimento tecnológico sempre custa, por óbvio, muito mais que o acesso ao que já se popularizou e teve preço reduzido por conta do ganho de escala. Por isso mesmo, o grupo dos mais poderosos economicamente é o que chegará ao exílio virtual. Isso ocorrerá antes que os benefícios possam ser barateados pela escala de produção, o que fará com que esse barateamento não venha a ocorrer durante a vida física dos migrantes.

Ou seja, até o momento da viagem, existirá apenas a normal diferença de velocidade do usufruto dos benefícios do desenvolvimento: os menos favorecidos sempre demoram mais para poder pagar, porque precisam esperar o aumento da produção provocar a diminuição dos preços. Essa lógica não precisa ser e não terá por que ser alterada. Ao contrário, a ordem natural de acesso com base na riqueza do usuário ajudará a manter em segurança a que será a fase mais crítica do processo de virtualização.

As novidades uma hora acabam chegando a todos pelo natural barateamento à medida que o tempo passa. Os recursos últimos para o exílio, no entanto, não chegarão aos dependentes, porque os exilados sequestrarão a possibilidade pelo simples usufruto dessas descobertas mais sofisticadas. Ou seja, não é que haverá uma espécie de proibição ou de boicote para que a parcela de menor poder econômico fique de fora. É que, como novidade, estará custando aquilo que ela não poderá pagar.

A questão é que, antes de cair o preço a um patamar acessível aos demais, será tarde, porque o expresso para o novo futuro terá partido.

E quando esse patamar for colocado ao alcance dos demais, o desenvolvimento natural dos recursos de segurança já o terá tornado insuficiente para desfrutar a companhia dos primeiros migrantes. Usar a alta tecnologia necessária para mudar-se significa não a deixar disponível aos outros, sob pena de comprometer a segurança da partida dos viajantes para o outro lado do portão entre os dois mundos. Esse será o raciocínio, independentemente das restrições morais que possa merecer.

Começará, então, outro ciclo de domínio tecnológico até que uma vez mais as dificuldades possam ser vencidas e novo grupo possa estar em condição de começar sua própria viagem.

3m7

Lei do Silêncio

O mundo dos exilados não se fará ouvir no mundo físico.

O RESTO É MUDO E INTERCAMBIÁVEL – ÁRVORES E PEDRAS SÃO APENAS AQUILO QUE SÃO.
AS CIDADES INVISÍVEIS, ITALO CALVINO

Os migrantes cuidarão de não ser ouvidos pelos permanecentes, seja por meio de sons audíveis, seja por meio de qualquer tipo de rastro na vida do mundo físico. Mesmo quando eventualmente fizerem alguma ingerência, convirá aos exilados permanecer invisíveis.

3m8

Lei da Responsabilidade com a Natureza

Os migrantes tomarão providências de preservação dos recursos naturais e de respeito ao ambiente e seus habitantes.

O medo de uma improvável interferência dos assuntos do planeta no mundo virtual pós-exílio levará os viajantes a assegurar, antes da partida, que sejam adotadas medidas para defender o ambiente e seus habitantes animais e vegetais. Apesar dos cuidados para manter uma barreira segura de separação entre os dois mundos, tratarão de não facilitar a chance de acidente futuro por conta dos desastres que possam afetar o equilíbrio na Terra.

A pressão ética e econômica para evitar os desgastes decorrentes do desmatamento e da poluição por combustíveis fósseis, por exemplo, será atendida com providências em defesa do planeta. Os migrantes tenderão a entender que o bem da Terra se confunde com o bem de seus habitantes, ainda que eles próprios se abriguem sob a proteção da bolha virtual.

Apesar de os mais poderosos atores da pressão econômica irem embora do mundo físico e ela perder relevância efetiva, razões de segurança levarão à adoção de medidas preservacionistas ainda sob o patrocínio deles.

Entre as providências, ganhará destaque a devolução dos animais domésticos à vida selvagem. As mascotes como cães e gatos passarão por processo, longo mas seguro, de readaptação à vida natural. Embora o dos pets seja um mercado cada vez mais poderoso em nosso mundo físico, é provável que haja no futuro a consciência de que a adoção de mascote seja na verdade uma espécie de sistema hipócrita de cárcere privado com garantia de impunidade por conta do disfarce mal-ajambrado de bom-mocismo militante.

Nenhuma dúvida de que os animais estão sempre melhor longe do homem, de quem não precisam para nada. Ao contrário, o ser humano é que se tornou muito dependente dos demais residentes do planeta, inclusive emocionalmente, a ponto de passar por cima dos interesses das espécies adotadas como mascote. Exércitos de engajados em movimentos de (falsa?) defesa dos animais se confundem muitas vezes com lobby em defesa dos exploradores dos bichinhos. Como atenuante para essa gente bem-intencionada, no entanto, é preciso dizer que parece não haver dúvida de que o amor deles pelos animais seja verdadeiro, mas talvez como o de um pai ou companheiro possessivo, que muitas vezes atropela os interesses do objeto de seu sentimento para a satisfação da necessidade egoísta de companhia ou afeto. É certo, no entanto, que os *amigos* dos animais de estimação não podem ser incluídos no rol dos vilões humanos. Pelo menos não pela consciência de que estejam explorando os mais débeis. Não parece certo que eles participem do atentado à liberdade das mascotes por instinto predador. Ao contrário, a psicologia encontrará uma justificativa inocente do ponto de vista pessoal. Mas é muito difícil haver justificativa dos pontos de vista humano, natural e social para a exploração.

Se houve um longo e violento processo de domesticação, que inclusive fragilizou muito algumas espécies, pelo sequestro forçado do ambiente silvestre, talvez esteja na hora de começar o caminho inverso. Está na hora de os cientistas e as pessoas de boa vontade começarem a pensar na reintrodução na natureza das espécies urbanizadas à força.

Sabemos que isso levará muito tempo, mas é preciso iniciar as providências para evitar maiores sofrimentos desses animais no futuro se os donos tiverem que deixá-los sem preparação para sobreviver, desamparados no mundo físico cheio de ameaças.

É provável que isso seja mais urgente que possa parecer e pelo menos tão urgente quanto a adoção de medidas em proteção do ambiente.

3m9

Lei da Localização Informática

O hardware do mundo virtual será imune a riscos.

É preciso encontrar a mais segura das localizações para o hardware do mundo virtual. Nem faz falta justificar essa preocupação. Afinal, qualquer descuido poderia levar ao desaparecimento dos exilados.

O princípio de defesa da integridade do mundo virtual deverá ser o do conceito da localização em trânsito do hardware.

Haverá, para início de raciocínio, a definição das condições que caracterizarão o sítio ideal: distância de fatores de risco, proteção contra acidentes, monitoração constante do ambiente e rota de fuga automática. O hardware deverá estar localizado fora do alcance, por exemplo, das armas na época existentes e de quaisquer outros riscos de destruição ou dano, como catástrofes naturais, descargas elétricas ou interferência magnética. Lembremo-nos de que os fatores de risco mudarão com o aprimoramento das soluções tecnológicas, o que nos permite inferir que a segurança será consequentemente maior a cada dia. O sistema, nenhuma dúvida, será imune a acidentes de qualquer espécie, pelas barreiras e habilidades automáticas de regeneração. Para garantir a pronta correção de rumo, a monitoração ininterrupta das condições ambientais permitirá adotar no tempo adequado a rota de fuga que restabeleça a condição de segurança.

Uma forma de garantir a chance de sucesso das medidas de segurança é definir a localização sempre em trânsito.

O sistema deverá ter uma definição de mudança de localização do hardware ao menor sinal de necessidade.

A primeira possibilidade de localização física dos equipamentos é a de uma espécie de bunker na Terra. Nas profundezas do solo ou em partículas suspensas na atmosfera, por exemplo. É a de maior risco para a estabilidade, como é fácil imaginar. As ameaças estarão muito próximas e concretas. Apesar de uma rede de túneis e veículos automáticos subterrâneos e aéreos poder estar sempre em estado de alerta para a emergência, o fator que aumenta muito o risco é a proximidade com os permanecentes do mundo físico.

No entanto, pode-se imaginar que o poder de miniaturização aliado à sofisticação das soluções da época tenderão a levar à preferência por modelos baseados em localização fora da área de influência da Terra e seus habitantes. Outros corpos celestes poderão abrigar esses equipamentos à prova de danos. A imaginação pode nos oferecer uma vasta lista de possibilidades, desde ondas magnéticas ou luminosas até a poeira cósmica.

De toda forma, o mais importante, depois da construção de equipamentos com sofisticada autodefesa diante dos perigos do universo, é estabelecer os mecanismos de backup também permanente e sempre em sítio de natureza distinta e a grande distância da casa provisória da vez. Ou seja, se o hardware estiver, no momento, localizado num planeta, o backup irá para uma onda, sempre adotada a distância de segurança.

Como o backup será constante, não haverá prejuízo para a continuidade da vida individual, e os fenômenos de acionamento dessas cópias de segurança deverão ocorrer sem necessidade de conhecimento pelos exilados.

LM4

LEI DO FIM DA SOCIEDADE

O mundo virtual não comportará a existência da sociedade como entidade de agregação e controle.

À parte a discussão sobre sua efetiva existência, o modelo ideal ou a adequação do conceito sociológico, a verdade é que aquilo que se considera a sociedade não precisará mais existir no mundo virtual, porque não irá sobreviver às mudanças promovidas como consequência do desenvolvimento tecnológico.

Ora, a sociedade é vista como associação para atingir os objetivos comuns ao grupo. A entidade supraindividual se forma para agregar as vontades, os recursos e os esforços com o fim de atender às necessidades compartilhadas. Esse acordo tácito entre os participantes precisa contar com um sistema de controle que cuide de observar os comportamentos sob a ótica do interesse coletivo.

Isso tudo desaparece em razão do mundo de possibilidades trazido pelo desenvolvimento da alta tecnologia. Os indivíduos sob a proteção dos recursos mais avançados são autossuficientes e prescindem da organização coletiva para defender-se e para garantir a sobrevivência do grupo familiar a que pertence em primeira instância.

4m1

Lei da Inutilidade da Coerção Social

A coerção social não funcionará sobre o indivíduo exilado.

No mundo virtual, não haverá sociedade a defender. A construção das condições do exílio cuidará de garantir a independência entre os indivíduos. Portanto, não fará sentido, porque desnecessário, pensar em adotar medidas de coerção social.

A ação pessoal não terá como afetar o que seja exterior a cada singularidade, de modo que o poder regulador e o poder policial serão desnecessários. Qualquer que fosse a regra imaginável, a infração a ela não traria consequências danosas para a comunidade, que a rigor nem vai existir nos moldes conhecidos anteriormente.

Tenderá a não haver risco à vida, porque a solução tecnológica adotada na migração assegurará que a relação entre os habitantes do novo ambiente esteja mais próxima do conceito de federação de entidades independentes e autônomas, quando muito.

Ou seja, o conjunto das individualidades exiladas não configurará uma comunidade. As mínimas regras de convivência já virão embutidas nos pressupostos tecnológicos. Portanto, a ideia da migração é indissociável do conceito de inexistência de poder externo, o que leva à inocuidade da coerção social.

4m2

Lei da Irrelevância do Controle Social da Perversão

A tecnologia possibilitará o livre e incontrolável exercício virtual da perversão, que será socialmente inofensiva.

A tecnologia permitirá que um seja o que quiser ser e faça o que quiser fazer. Não será diferente em relação a comportamentos definidos hoje como perversão.

Aliás, a tendência é que, mesmo antes do exílio, alguns limites já possam ser ultrapassados fora do alcance dos controladores morais ou legais. Ainda na vida do mundo físico, equipamentos como as hoje incipientes impressoras 3D permitirão o exercício pleno da liberdade de construir e simular o que seja. Por exemplo, alguém poderá construir uma réplica de outra pessoa para o uso que decidir. Quem poderá controlar algo assim?

Se a liberdade de ultrapassar limites morais já deverá manifestar-se antes da migração, que dirá dentro dos limites indevassáveis da individualidade replicada! Aí, não haverá controle social que possa barrar a pessoa de adotar mesmo os comportamentos considerados mais aberrantes hoje.

Não se trata de fazer o julgamento moral dessa liberdade. Apenas se está constatando que ela chegará.

De outro modo, essa liberdade fará a infelicidade do moralista, paladino do discurso de regulação do comportamento do outro e aquele que a crônica policial tem demonstrado diariamente ser o hipócrita odioso do faça o que eu digo, mas não faça o que eu faço. A migração não mudará a natureza do comportamento moral de acusador ou acusado, e apenas tirará do palco o púlpito do moralista.

4m3

Lei da Conservação do Trabalho

A criação de emprego para os dispensados pela tecnologia somente será necessária até o momento em que a reação política desse contingente ainda for relevante.

O exílio levará ao desemprego dos direta ou indiretamente dedicados a prestar serviço ou fornecer produtos ao contingente que vai migrar ao mundo virtual.

Por isso, é preciso conservar o trabalho num nível aceitável, ou seja, que não desestabilize os países que tenham parte da população de viagem para o mundo tecnológico. O cuidado deve ser adotado pelo menos no período de transição, que é o tempo crítico, porque o trem ainda não terá partido, mas os consumidores com bilhete de viagem já estarão se afastando do mercado, o que não deixará de trazer reflexos à economia mundial.

Ora, evitar que a opinião pública faça muitas perguntas incômodas será prioridade absoluta. Assim, as providências adotadas antes da partida cuidarão do necessário para acalmar os desocupados e tenderão a vir na forma de subemprego, emprego ilusório ou simples assistência.

O subemprego prevalecerá durante um curto período de desaceleração econômica. As pessoas sofrerão, mas terão a fantasia de que se tratará de situação provisória.

O emprego ilusório ocorrerá na etapa seguinte. Serão ocupações sem utilidade prática, mas que receberão remuneração suficiente para dar a dignidade que servirá para ir iludindo o público.

A última etapa será a da assistência indisfarçada. Será instituído algo como uma renda mínima assegurada em clima de festa universal, vendida como o coroamento do último estágio da civilização, que trará paz e felicidade geral. Poderia inclusive ser apresentada como a prova de que o capitalismo sempre foi o caminho correto, uma vez que estaria sendo dada a solução definitiva para o problema. Por isso mesmo, pode ser que, nesse momento, o risco de reação política venha a ser anulado ou controlado.

Na verdade, o mais provável é que não ocorra nada disso. Quer dizer, que não ocorra nada disso no momento da migração, porque já terá ocorrido bem antes. Na hora do exílio, os cuidados serão com as vagas que tiverem escapado depois de o desenvolvimento da tecnologia completar o estrago nos postos de trabalho em todos os ramos da economia, e não dá para saber nem se na hora da partida para o mundo virtual ainda vai haver empregados com quem se preocupar.

Não é mais segredo hoje que uma radical alteração no uso de mão de obra já esteja em curso. Muitas ou quase todas as profissões terão de passar por significativas adaptações e ainda assim não terão mais que uma breve sobrevida. Ocorre que aquilo que elas fazem será feito com mais eficácia por recursos artificiais. Por exemplo, fazer o diagnóstico e prescrever medicamentos e dieta serão tarefas mais apropriadas para a máquina que para o ser humano. Aliás, já são hoje em boa medida. A mesma coisa se pode dizer de escrever uma petição jurídica e dar a sentença, de projetar uma casa e construí-la, de plantar a semente e colher o fruto, de dar a aula e corrigir a tarefa, de temperar o bife e preparar a salada, de conceber um sistema e desenvolver o aplicativo.

Os recursos assumirão de tal forma atividades técnicas que não é despropositado imaginar que, durante o período de transição para a assunção completa pela tecnologia, seja possível que determinadas profissões venham a ser *vestidas* e não aprendidas. Uma pessoa poderia, por exemplo, *vestir* a parafernália de explorador do fundo do mar. Com a roupa específica equipada com sensores, câmeras, ferramentas e processadores de informação conectados a bases de dados especializadas, nosso personagem poderia fazer as vezes de pouco mais que um cabide no passeio pelo ambiente subaquático. Nada precisaria saber de específico - bastaria ser alguém capacitado a operar roupas profissionais, hoje de explorador marítimo, amanhã de técnico em tomografia. Na verdade, mais um operador de tecnologia, especialista em operar tecnologia, que um altamente entendido na área de aplicação da tarefa que será chamado a desempenhar. Aliás, é provável que nessa época nem faça sentido pensar na área de aplicação como um campo de estudo particular.

De toda maneira, a especialização profissional deverá ir sendo gradativamente menos necessária a partir de certo estágio de avanço da tecnologia, prazo ainda não possível de estimar. Os reflexos disso na manutenção de postos de trabalho também não são quantificáveis agora.

Ou seja, a tendência é que a estratégia de evitar as convulsões sociais por meio de subemprego, emprego ilusório e renda mínima seja usada muito antes de chegar o momento do exílio. Existem diferentes teorias sobre o que se passará como consequência do avanço tecnológico no mercado de trabalho, mas o que não parece razoável é esperar que a criação de novas profissões compense as vagas perdidas, porque não é razoável esperar que sejam tantos novos postos de trabalho assim num mundo de automação extrema.

Em resumo, dificilmente a reação de desempregados será relevante na hora da preparação do exílio do primeiro grupo, porque a queima de postos de trabalho já será uma constante na vida do mundo físico. Se a política será competente para defender o interesse desses sem trabalho da forma que for, geração de novos empregos ou assistência pura e simples, vai depender das escolhas feitas por nós a partir de agora.

Visto daqui, as elites tecnológicas precisarão enfrentar um dilema. Pode ser que, visto de lá do futuro, não passe de decisão natural e nada traumática. De todo modo, salvo uma quase mágica reviravolta que sustente a criação de postos de trabalho em quantidade suficiente para compensar o arrasa-quarteirão que os avanços provocarão, o certo é que parece haver no horizonte a necessidade de optar entre fazer a diminuição gradativa da população mundial ou acabar com o conceito de trabalho. Talvez as duas coisas. Em vez do cínico *o trabalho liberta* da entrada para o horror de Auschwitz, a libertação da obrigação de trabalhar para viver com dignidade muito provavelmente é o que valerá para as pessoas comuns que restarem no fim do processo em curso de automação irrestrita. Se o ócio patrocinado pelos donos do capital no futuro será para bilhões ou para o grupo reduzido que o controle populacional permitir, vai depender das decisões políticas que serão tomadas a partir de já.

Apesar da manipulação das vontades em defesa dos interesses hegemônicos, o grau de consciência sobre essa perspectiva para a humanidade é que poderá fazer diferença na direção que as coisas vão tomar no mundo do futuro, que já chegou desde ontem. Ou é com você e comigo ou é com eles. Se quisermos e pudermos, quem sabe influenciaremos o rumo dessa pauta que hoje ainda anda meio dentro, meio fora do debate público, apesar da aparente urgência.

LM5

LEI DO PODER

Não há poder maior que o do controle absoluto dos riscos.

Quanto maior for a defesa contra os riscos, mais poder deterá o indivíduo. Se puder controlar todos, nada haverá maior que ele. A tecnologia poderá assegurar esse controle.

Ela saberá contornar os obstáculos pela escolha de caminhos que permitam isolar o exilado dos perigos. Aliás, essa será talvez a característica mais importante e definidora da nova situação.

5m1

Lei da Liberdade Absoluta

O indivíduo será verdadeiramente livre quando não depender da ação presente ou futura de outro indivíduo ou poder.

Os de maior poder econômico passarão a estar cada vez mais empenhados em beneficiar-se não do trabalho dos demais, mas da condição de não necessitar dele. O grande benefício do controle da tecnologia será desprender-se da necessidade dos serviços de terceiros de modo geral.

O sonho do poderoso não será mais uma mansão cheia de criados, mas uma caverna tecnológica fechada ao acesso dos estranhos.

Liberdade é sinônimo de autonomia.

5m2

Lei do Arbítrio Absoluto

A tecnologia permitirá grau infinito de liberdade de escolha ao indivíduo.

A segurança do mundo virtual permitirá liberdade sem limites, porque não haverá impedimentos sociais ou legais. A atuação da pessoa não estará sob o crivo de autoridade governamental nem de controlador de qualquer natureza.

Por isso, apenas princípios individuais poderão servir de trava à realização de desejo ou projeto.

A libertação começará ainda antes do exílio, porque a pessoa já terá meios para experimentar em privado aquilo que lhe vier à cabeça segundo o estado de desenvolvimento da tecnologia a que tiver acesso. Por exemplo, a impressão doméstica de objetos será cada vez mais um meio de ampliar o espaço de liberdade individual. A facilidade de acesso e o aprimoramento da tecnologia possibilitarão ter fisicamente sob o poder de cada um o objeto do desejo, por mais depravados ou condenáveis que posse e usufruto possam ser aos olhos da moral dos demais.

Mas o arbítrio absoluto vai muito além do poder de liberar a perversão. A pessoa poderá escolher os princípios e as regras a que se submeterá nos limites da bolha virtual, e isso significa que poderá estar sob normas diferentes das que estavam em vigor durante a vida física. A pessoa poderá adotar para si mesma desde uma imposição risível até a lei que sempre quis que existisse.

O arbítrio absoluto combinado com o poder tecnológico ilimitado permitirão a experiência que for do agrado do indivíduo. Poderá mudar de cidade, de profissão, de idade, de nacionalidade, de sexo. Poderá viajar ou se isolar numa caverna.

A liberdade de experimentar o que vier à cabeça, sublime ou abjeto aos olhos da moral, será levada ao paroxismo.

A discussão sobre o exato significado do livre arbítrio diante da crescente e efetiva manipulação de nossas vontades pelas big techs e suas armadilhas de laçar incautos tende a ser em cima de mero jogo de palavras. Ora, como no fundo, bem no mais profundo mesmo, queremos cada dia mais aquilo que querem que queiramos, a consideração filosófica sobre a ilusão do livre arbítrio pode perder sentido diante do que passará a definir cada individualidade. Afinal, que sou eu, aquilo que sonha a vã filosofia que eu poderia ter sido ou aquilo que dizem que sou os dados analíticos que a grande rede vende aos empresários que me vendem o sabão e o cartão de crédito?

Sou tão insistentemente aquilo que vendem que eu seja que até eles agem como se acreditassem na invenção. Só me oferecem o sabão e o cartão que de verdade quero comprar. O cachorro passa a perseguir o rabo: sou o que vendem que sou porque é o que vendem sobre mim. Nem mesmo eu tenho a opção de não me comprar como sou vendido, porque não recebo mais oferta de produtos não apropriados a esse *eu*, os amigos incompatíveis com esse *eu* não passam mais aqui por perto e não me mostram mais o estoque de roupas do amarelo que aquele *eu* não tem mesmo que querer. Tenho de me convencer de que sou louco por iogurte de ameixa, como revela meu perfil, até porque eles não veem mais sentido em me mostrar a propaganda do potinho de morango. Que me resta senão passar a não ter a mais leve dúvida de que sou realmente o que dizem que sou, que não vivo sem iogurte de ameixa? O mundo em que sou obrigado a viver é moldado com base nessa concepção que fazem de mim, o que exclui qualquer estímulo para que eu me acerque do potinho de morango usando uma camisa amarela.

Logo, não faz sentido discutir se meu livre arbítrio é genuíno ou manipulado quando meu genuíno eu é manipulado. Se quem realmente tem poder no mundo já decidiu que sou um conjunto definido de gostos, inclinações, sentimentos e valores – e fechou isso num pacote lacrado –, é isso que lutarei para que respeitem como sendo eu.

Não me importo que tenham definido, sem me ouvir de verdade, quais são meus gostos, minhas inclinações, meus sentimentos e meus valores. Não me importo, mas, agora que definiram quem eu sou, não aceito contrariedades. Virarei uma fera raivosa se alguém ousar me lembrar que, lá antes de inaugurar o perfil da rede, dava umas bicadas ocasionais no iogurte de morango. Qual é, querem saber mais que eles?

5m3

Lei do Fim das Inibições e da Autocensura ou Lei do Relaxamento do Autocontrole

O exilado no mundo virtual não conhecerá inibição ou autocensura.

Livre do controle social, o indivíduo também tenderá a experimentar o fim das inibições e da autocensura.

Com o passar do tempo de exílio, é improvável que a pessoa não se renda à tentação de experimentar frutos que seu autocontrole lhe proibia até aí. Só para experimentar, por curiosidade, para ver como é... Não importa, a tendência será experimentar. Até onde cada um irá nas experiências é difícil dizer, mas não é difícil prever que a perspectiva de eternidade tenderá a afrouxar os laços do autocontrole. Em outras palavras, é provável que todos experimentem ultrapassar todos os limites.

Importante relembrar que o e-Código não é uma obra de discussão moral – apenas registra as leis que regerão o comportamento dos humanos com a chegada da prevalência da tecnologia sobre a ciência e da liberação de recursos ilimitados aos usuários do mundo dos autônomos.

5m4

Lei do Paradoxo das Vontades

Quando houver o choque inconciliável de vontades, os recursos tecnológicos intervirão como árbitro.

E QUANDO EU ESTIVER MAIS TRISTE
MAS TRISTE DE NÃO TER JEITO
QUANDO DE NOITE ME DER
VONTADE DE ME MATAR
VOU-ME EMBORA PRA PASÁRGADA,
MANUEL BANDEIRA

Sim, e quando me der vontade de me matar na solidão tão povoada do mundo virtual? Quando eu não quiser mais nada, nem o poder ilimitado, nem as facilidades infinitas, nem os prazeres mais desbragados, nem a total segurança, nem o risco zero, nem as pessoas mais interessantes que a imaginação inventar, nem a multidão da metrópole nem a solidão da ilha vulcânica, nem chuva nem sol? Hem? Quando eu estiver enjoado da eternidade, terei a Pasárgada de Bandeira ou a cova do príncipe da Dinamarca, a aventura inconsequente de Joana, a Louca de Espanha, ou a água rasa de Ofélia?

O exilado terá duas possibilidades básicas de cortar a melancolia pela raiz: morrer para sempre como um vampiro a quem se enfia uma estaca no coração ou morrer mais ou menos e poder voltar do país de onde ninguém nunca havia retornado. Hamlet realizado: no mundo virtual, morrer será dormir, talvez sonhar, e quem sabe só apagar, colocar o interruptor no off por enquanto ou para sempre.

Haverá a possibilidade do suicídio eterno, porque a vontade será soberana e não tutelada por entidade externa à bolha individual. Nunca mais? *Nunca mais*. Então, seja feita a tua vontade. A pessoa poderá desligar-se e sumir. Se quiser, no entanto, poderá definir que a morte será temporária, por um tempo certo durante o qual sua bolha murchará.

Murchar a bolha deverá ser o nome da morte voluntária sob as bênçãos da tecnologia. Os demais verão a ausência e precisarão conviver com ela.

Mas não será tão simples assim.

Ora, o sentimento despertado no outro poderá ser de inconformidade com a decisão do suicida. O problema é que, da mesma forma que o morto tinha em vida o poder de escolher o que quisesse, o vivo tem a faculdade de decidir como e com quem quer passar a eternidade. Em outras palavras, o sobrevivente poderá rebelar-se contra a decisão de suicídio do outro. Mais: em vez da lamentação e da tristeza que conhecemos aqui no mundo físico, a reação poderá ser trazer o outro de volta, igual a uma ressurreição. Assim como será possível fazer reviver um morto do passado físico, nada impedirá o renascimento de um morto do presente virtual.

Estará aí instalado o paradoxo das vontades. A tem o poder de B. A quer *menos X*, mas B quer *mais X*. A manda, mas B manda igual. A questão é que se prevalecer *menos X*, A estará mandando mais que B; se prevalecer *mais X*, B estará mandando mais que A. Como *mais X* nega *menos X*, e vice-versa, as duas soluções entram em conflito com 5m2 – a Lei do Arbítrio Absoluto. A e B têm o mesmo direito de ver a vontade concretizada.

Aí, a solução estará também nas mãos dos recursos tecnológicos autônomos. Calcularão as consequências da imposição de cada vontade e apurarão qual a que trará maior saldo positivo não apenas para os dois indivíduos diretamente envolvidos mas para o conjunto de exilados.

A matemática tomará por base o saldo de prazeres e alegrias diante das frustrações e decepções. A permanência da vida trará uma quantidade mensurável de implicações positivas e negativas. Poderá trazer um sofrimento w para A, mas uma alegria y para B e um prazer z para C e D.

Será para os recursos, portanto, uma mera questão de soma, subtração e comparação:

> $w > y + z$? Então, prevalece a vontade do suicida.
> $w < y + z$? Então, prevalece a vontade contrária.
> $w = y + z$? Então, nenhuma vontade prevalece.

Se a decisão for por anular o suicídio, por exemplo, os recursos tratarão de encontrar argumentos para convencer o melancólico das vantagens de não morrer. Poderão mostrar as consequências do ato para os outros ou sugerir um diálogo entre as duas vontades em conflito. Na hipótese de isso não ser suficiente para a persuasão do suicida, poderão trazer um cardápio de experiências ainda não provadas por ele. Como última opção, poderão sugerir uma morte temporária, que, aí sim, teria de ser acatada pelos outros.

Se a decisão for por manter o suicídio, as sugestões de compensação serão feitas à vontade contrária.

Se as consequências do suicídio para um lado e para o outro forem equivalentes matematicamente, será adotada a solução em que todos ganham algo, mas perdem algo também. Será respeitado o suicídio, porém será autorizada a ressurreição sem consciência do suicida, apenas para a finalidade de convivência com o outro. Deixará de ganhar o suicida, porque não terá assegurado seu desaparecimento puro e simples da vida virtual. Deixará de ganhar o outro, porque a pessoa que permanecerá não ficará com a individualidade integral, uma vez que será apenas a imagem guardada pela percepção alheia. Nesta hipótese, não será uma convivência com a riqueza do imprevisto da vida real. Como o personagem não terá a vontade e a emoção originais, será um similar imperfeito.

Então, quando houver conflito inconciliável entre duas vontades, os recursos restabelecerão o equilíbrio pela via da arbitragem. A solução deverá ser sempre aquela que menos contrarie e mais respeite o poder de arbítrio das partes.

LM6

LEI DA ECONOMIA VIRTUAL

A vida econômica no mundo dos exilados girará em torno das trocas, em meio físico, de conteúdos imperfeitos entre os indivíduos.

Para conversar sobre o funcionamento da peculiar economia no mundo virtual, vamos precisar de dois conceitos de *produto* aplicáveis à vida pós-exílio:

i. **produto perfeito**: este é o que decorrerá das providências automáticas dos recursos tecnológicos. Serão os mecanismos de controle, a implementação da segurança, os protocolos de comunicação nos meios físicos acessíveis aos exilados etc. São considerados perfeitos, porque criados por ação puramente tecnológica;
ii. **produto imperfeito**: este é o que decorrerá da ação dos exilados. Serão criações voluntárias, não necessárias ao funcionamento seguro do mundo virtual, que surgirão como forma de os indivíduos continuarem criando e experimentando o similar a uma carreira profissional. Serão obras artísticas, ferramentas artesanais para hobbies virtuais, games etc. São considerados imperfeitos, porque de criação subjetiva e, por isso, precisarão ser submetidos aos controles automáticos.

O indivíduo poderá sentir a necessidade de movimentar-se pelo mundo exterior e apresentar-se como produtor de alguma coisa ou serviço. Por exemplo, um artista poderá querer apresentar sua obra ao público novo. Alguém poderá ter criado um game, poderá ter um tipo de consultoria a fornecer, poderá oferecer-se simplesmente como companhia. Não há como abarcar as possibilidades no que se refere aos produtos imperfeitos que circularão no mercado virtual.

De que forma haverá a venda desses produtos? Aí vamos necessitar de uma espécie de meio físico, não ligado em rede com as bolhas individuais. A tecnologia tratará de acionar um ambiente hospedado em partículas de água em suspensão, na luz, em ondas, algo assim. O importante é que seja um mundo à parte, sem comunicação em rede com as pessoas, de forma a garantir a segurança. As remessas de produtos e mensagens a esse ambiente físico, por onde se darão as transações comerciais e as comunicações interpessoais, deverão ser feitas em algo como pacotes disparados das bolhas em forma análoga a projéteis.

A solução permitirá que a comunicação e o comércio não ponham em risco as pessoas exiladas.

A compra e venda dos produtos imperfeitos se dará por uma precificação acordada entre as partes e traduzível em termos de uma moeda virtual criada pelos recursos tecnológicos. A remuneração tenderá a ser calculada de forma não muito diferente da que em tese é usada hoje no mundo físico. O preço de produtos e serviços deverá compensar atributos como qualidade da solução, tempo gasto pelo produtor, ineditismo no mercado, oferta e demanda etc.

Em resumo, essa economia virtual levará à formação de patrimônio em novas bases, embora deva haver muitas semelhanças com o funcionamento da economia de hoje.

Inclusive pirataria. Alguém poderá apropriar-se do produto de outro e ainda embolsar os lucros? Não será fácil. A pessoa poderá copiar e desfrutar o roubo no ambiente privativo da bolha individual, mas a rapinagem deverá ficar evidente se chegar às prateleiras do mercado virtual no entreposto físico onde se darão as transações. Ora, como hoje, existirão mecanismos para identificar plágios e cópias.

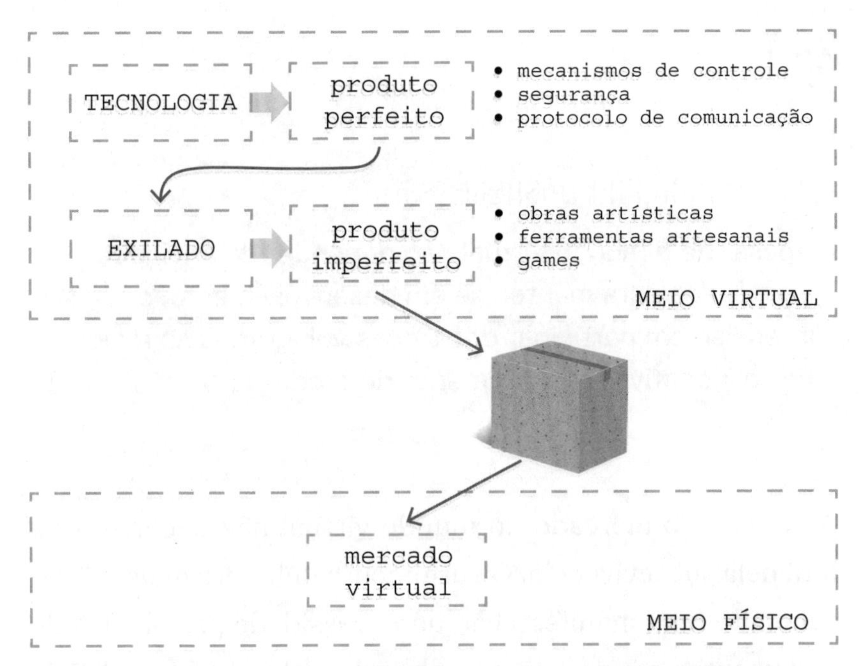

Mercado virtual: compra e venda de produtos imperfeitos.

6m1

Lei do Mercado Desnecessário

Apesar de o mundo virtual não depender de atividade econômica para manter-se em desenvolvimento, o interesse em participar das trocas voluntárias no meio físico incentivará o surgimento de produtos.

A criação do mercado do mundo virtual não decorrerá da luta pela sobrevivência. O surgimento dele será mais provavelmente uma manifestação da necessidade psicológica de movimentar-se, de ser reconhecido pela comunidade, de crescer, de manifestar-se como criador.

Ainda que os recursos tecnológicos sejam suficientes para brindar inclusive diversão e produtos para satisfação espiritual dos exilados, a inquietude própria da condição humana levará à criação de um mercado para circulação dos produtos individuais.

A participação no mercado será, claro, voluntária. Mas, com o tempo, dificilmente as pessoas se manterão afastadas dessas trocas. A tendência, portanto, é que o funcionamento do mercado vá adquirindo cada vez mais as características verificadas no mundo físico.

6m2

Lei do Consumo Supérfluo

O interesse pela novidade do produto imperfeito estimulará o consumo do supérfluo.

O mesmo caráter misto de voluntariedade e necessidade subjetiva do produtor levará o indivíduo ao consumo dos produtos que serão ofertados no mundo virtual.

Não precisaria comprar os games ou as ferramentas criadas por outros, mas a possibilidade de experimentar o diferente, o novo, fomentará o crescimento das transações.

Por exemplo, alguém poderá oferecer no mercado um sentimento de amor verdadeiro. Isso mesmo. O comprador levaria para casa a certeza de que seria amado *sinceramente* pelo vendedor. Estaria começando naquele momento um *caso* adquirido como *coisa*, mas com o mesmo valor de experiência para o consumidor. Imaginemos que ele queira apagar frustração anterior sem enfrentar o risco do acaso em novo relacionamento e que consiga o intento porque virá a receber mostras em tudo verdadeiras do sentimento do outro. Por que o consumidor se prestaria a comprar esse sentimento se poderia criar um personagem fictício que lhe desse as mesmas demonstrações de afeto? Porque o amor comprado viria com uma história real e uma personalidade existente de respaldo e com as possíveis surpresas que a imaginação do parceiro de aluguel lhe pudesse trazer.

E por que não comprar um sentimento negativo ou de consequência aparentemente negativa para o comprador? Por que não comprar, por exemplo, uma admiração pegajosa para desfrutar por um tempo a sensação de ser endeusado como um ídolo? Ou a inveja maldosa que possa reproduzir a sensação de pessoa de sucesso que desperte a admiração coletiva?

Indo um pouquinho mais adiante nessa análise de possibilidades, que tal comprar uma experiência perigosa e difícil como a de ser perseguido por um psicopata? Um serial killer, digamos. É muito? Mas e se o exilado quiser passar por isso? Deverá ser impedido? Que consequência social negativa poderia vir da transação comercial, se todas as salvaguardas estiverem em vigor?

Ou seja, não dá para pensar em limites para o rol de produtos que chegarão às prateleiras do mercado virtual.

É certo, no entanto, que a pessoa não irá às compras como quem busca o supermercado para adquirir os produtos básicos. Irá como quem entra na loja de bijuterias ou no parque de diversões. Não significa que esses supérfluos não satisfaçam necessidades psicológicas legítimas, mas que o mercado deverá vender algo mais que o feijão com arroz de nosso conhecido mundo do lado de cá.

6m3

Lei da Moeda Automática

A representação de valor no mundo virtual será feita por meio de moeda específica de distribuição e controle automático.

Como existirá compra e venda, existirá uma moeda própria.

Não parece haver muito mistério sobre como se chegará a essa moeda. A experiência hoje com as moedas virtuais já nos dá um indicativo da facilidade com que se chegará às definições de características e funcionamento.

Parece provável que a ênfase seja em novos valores de consumo. Por exemplo, a mesma lei da oferta e da procura vigente hoje será aplicável, mas em óbvias bases próprias. A necessidade de sobrevivência, para ilustrar, dará lugar ao ineditismo da sensação de prazer como parâmetro para a atratividade de um produto imperfeito.

Novos critérios de valoração surgirão automática e naturalmente com o tempo de funcionamento do mercado e do próprio mundo virtual.

LM7

LEI DA GEOPOLÍTICA VIRTUAL

O indivíduo será uma entidade política autônoma.

De qualquer ponto de vista, o indivíduo exilado terá sua autonomia preservada. As próprias condições objetivas da existência em tal mundo levarão a essa independência.

O status de entidade política autônoma lhe dará a mesma posição de liberdade de atuação que, mal comparando, têm os países no mundo físico. Os atributos dessa condição se transferem à pessoa no mundo virtual. Ninguém poderá regrar o que ela faz em sua intimidade nem violar a privacidade que a vida em bolha lhe permite.

7m1

Lei do Território Inviolável

Cada pessoa terá controle sobre o espaço virtual que ocupe, não sendo permitida a entrada de terceiros nesse território sob qualquer pretexto.

A bolha em que se instalará cada pessoa será um lugar informático reservado ao ocupante. Os recursos tecnológicos mobilizados para permitir o exílio ao novo mundo estarão preparados para garantir inviolabilidade. Do contrário, ainda não estariam dadas as condições plenas para a mudança.

A inviolabilidade territorial do exilado é como uma cláusula pétrea. Nem a decisão individual poderá vencer tal limitação, porque isso teria o valor de desestabilização. No caso de alguém decidir por compartilhar emoção, experiência ou informação, poderá valer-se dos protocolos físicos de comunicação sem nunca estrear a sala de visita.

A inviolabilidade significa que nenhuma entidade externa poderá entrar no território individual, menos ainda para vigiar, regrar ou punir. Como controle do risco, a proibição da entrada na bolha pessoal decorrerá do próprio conceito do exílio.

7m2

Lei do Autogoverno

Nenhuma entidade externa tem jurisdição sobre o território virtual do indivíduo exilado.

O princípio de administração decorrente da autonomia é o do autogoverno. A pessoa poderá viver em estado de anarquia interna à bolha que ocupa ou poderá optar por estabelecer suas próprias regras de conduta.

Terá poder para revogar, modificar ou instituir mandamentos internos, não se submetendo ao regramento externo que venha a ser tentado por qualquer entidade.

7m3

Lei das Relações Interpessoais

O contato mutuamente autorizado entre indivíduos será mediado por protocolo de comunicação em meio físico.

Os mesmos tipos de inter-relação entre pessoas no mundo físico serão adaptados para o mundo virtual: conhecimento casual, amizade, namoro, casamento, inimizade, traição, associação por interesses comuns, encontros voluntários ou aleatórios como os que ocorrem no transporte coletivo, por exemplo.

As manifestações comuns nas relações interpessoais, positivas ou negativas, terão substitutos virtuais.

Como forma de preservar a segurança, no entanto, o relacionamento será sempre mediado por protocolo de interação em meio físico.

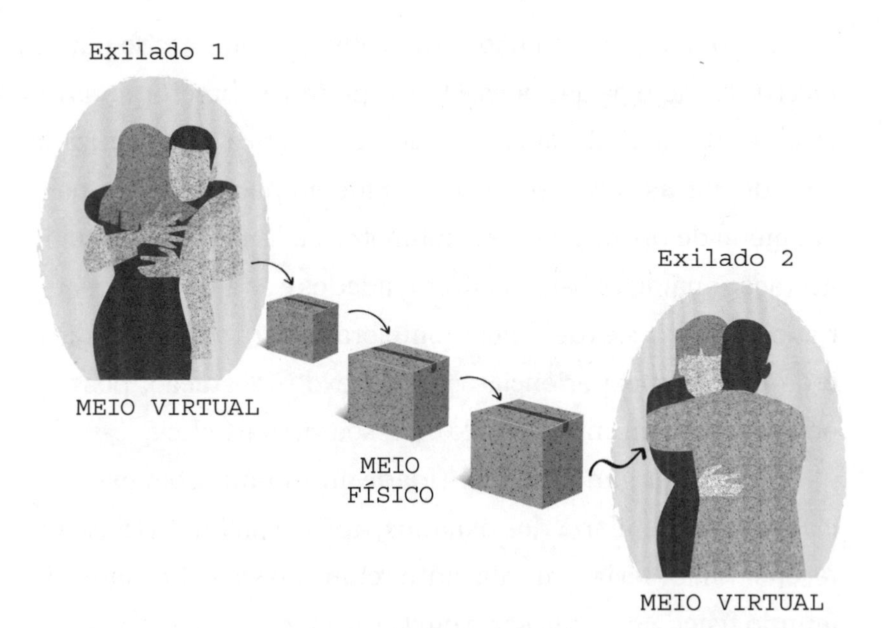

Relação interpessoal: a carícia viajará como um pacote que fará escala num entreposto físico antes de chegar instantaneamente ao destinatário do mundo virtual.

Poderá haver troca de carinho entre as pessoas, só que nas novas bases dos protocolos de segurança. A carícia será uma espécie de estímulo enviado ao ambiente físico da intercomunicação e será recebida pelo destinatário com a mesma sensação de prazer, talvez até mais intensa, que se tem no mundo físico.

Os recursos para garantir a instantaneidade das trocas, apesar da mediação física, permitirão também as relações sexuais no mundo dos exilados. O desenvolvimento da solução necessária para que isso se dê não deverá ser um desafio tão grande. Aliás, o grau de desenvolvimento atual já faz antever avanços significativos nessa direção mesmo antes de o mundo dos exilados chegar a instalar-se.

As relações sexuais entre os exilados levarão ao desejo de avançar para o nascimento dos filhos virtuais como consequência natural, o que também não será problema complicado para o nível da tecnologia da época. O casal poderá submeter-se às regras estatísticas de uma espécie de genética informatizada para definir as características do filho ou poderá apelar para um menu de opções. Poderá submeter-se às emoções de uma gestação análoga à física, com os cuidados e as aflições características. Enfim, a experiência completa poderá ser replicada. E é de crer que experiências iguais, sexo e gestação, possam ocorrer também entre exilado e pessoa virtual fictícia.

O novo ser ganharia identidade autônoma, com existência em tudo similar à dos exilados, apesar da importante diferença: não seria um migrante, com passado herdado do mundo físico. Sua vida seria em tudo nova.

Terá consciência? Depende do conceito que esteja sendo considerado. Talvez nasça com um conjunto de reações que reproduzam por verossimilhança a ciência de que é um ser único, com singularidade e inquietações, além de capacidade de manifestar sentimentos em reação parecida com emoção diante de outra pessoa ou de uma situação concreta ou imaginária. Por exemplo, poderá *sentir* saudade dos pais ou de amigos, chorar de remorso ou alegria, ficar triste, ter empatia, derramar lágrimas enternecidas ou gritar de fúria incontrolada. Quer dizer, o novo ser tenderá a ser idêntico em tudo que puder ser reproduzido por imitação sob o parâmetro da verossimilhança. Sua *consciência artificial* poderá ser, só para ilustrar, formada a partir de um misto das reações conscientes dos pais. Caberá à religião discutir se isso configurará uma alma, apesar do absurdo que o assunto possa parecer à primeira vista. O futuro poderá instalar esse tipo de debate. Quem pode dizer que não?

Nas escolhas feitas a partir do menu de opções, os pais terão como preparar as características do filho para o nascimento. Ganhada a individualidade, porém, o novo habitante terá de imediato sua autonomia. Poderá definir, por exemplo, até que idade envelhecer virtualmente e terá liberdade para estabelecer as bases do relacionamento com os pais, como na vida atual do mundo físico.

Da mesma forma que as relações interpessoais poderão abrir a possibilidade de uma espécie de vida a dois por afinidade, elas também poderão levar a conflitos similares aos comuns nos relacionamentos humanos. Existirão as barreiras tecnológicas para as frustrações e os sofrimentos de maneira geral, mas a pessoa poderá decidir passar por emoções sem filtro. Ou seja, qualquer um terá como decidir não passar por experiências negativas, embora venha a ter também a opção de deixar que tudo ocorra de forma aleatória.

De toda maneira, as regras da relação poderão ser definidas em consenso ou individualmente. Ou os envolvidos criam regras de consenso ou o assunto fica para decisão particular.

Nas relações interpessoais, o único limite para o poder das vontades envolvidas será o da preservação da segurança.

7m4

Lei da Federação Voluntária

A pessoa exilada poderá participar de uma federação de indivíduos virtuais voluntariamente e pelo tempo que julgar conveniente.

Os interesses ou a simples vontade poderão levar à formação de federação de indivíduos virtuais.

Essas associações poderão ter caráter similar ao das que existem no mundo físico. Federação de pessoas oriundas de um mesmo país ou região, por exemplo.

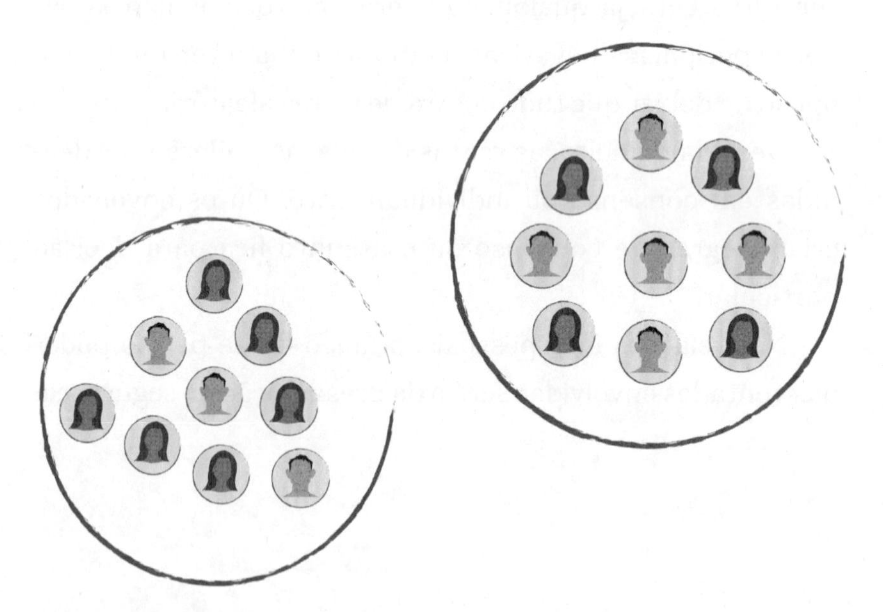

Federação voluntária: o indivíduo poderá escolher de quais associações participar.

As federações não obrigarão o indivíduo a ceder ainda que parte de sua autonomia. As características de cada associação deverão sempre preservar o que é fundamental para não comprometer segurança e liberdade.

Na federação, o relacionamento se dará por protocolo de comunicação em meio físico, resguardada a inviolabilidade do território individual.

7m5

Lei da Família Voluntária

A pessoa exilada poderá estabelecer vínculo de natureza familiar com outras pessoas, parentes ou não na vida física, desde que o relacionamento decorrente dessa condição seja mediado por protocolo especial de interação em meio físico.

O direito à formação de família não regredirá com o exílio. No mundo virtual, a pessoa poderá assumir voluntariamente o tipo de relacionamento familiar que corresponder a sua própria decisão. Os vínculos tendem a ser similares aos comuns no mundo físico: paterno, fraterno ou afetivo.

Os vínculos serão transpostos do que já é realidade desde o mundo físico, mas nada impede a formação de novos desenhos familiares, relacionamentos surgidos e concretizados após a migração.

O relacionamento familiar se dará por protocolo específico de comunicação em meio físico, que permitirá um nível de compartilhamento de informações e experiências diferente do comum com outras pessoas exiladas. Esse caráter especial de interação, no entanto, resguardará a inviolabilidade do território individual.

7m6

Lei da Frustração Humanista

Será de esperar o sentimento de frustração do humanista por considerar haver perdido tempo na luta pela salvação do mundo em que agora não se irá mais viver.

A sensação de inutilidade da luta poderá vir. Aqueles que tenham, de alguma forma, se engajado em movimento ou atitude individual com o objetivo de melhorar a vida dos seres humanos ou de salvar o planeta e seus recursos tenderão a experimentar a sensação de que se esforçaram em vão.

Afinal, não deverão permanecer no mundo que lutaram por mudar e, mais significativo ainda, a tendência do progresso é que a humanidade saia pela tangente em vez de seguir em direção de uma utópica situação de pleno respeito e de plena justiça. A luta perderá o sentido durante a batalha, e o militante olhará aturdido para a bandeira agora esvaziada que ainda estará empunhando.

Essa constatação independe de juízo de valor sobre o significado da luta dos humanistas por melhorar o mundo em que todos viviam e vivem. Parece indiscutível que a qualidade da vida na Terra foi subindo em decorrência do avanço da ciência. No entanto, seria injusto deixar de reconhecer que a defesa dos direitos de seres humanos e de animais em conjunto com o movimento de defesa da natureza merecem o crédito por boa parte do progresso da qualidade de vida, em especial nas últimas décadas.

Por isso, a certeza de que marchamos em direção da migração para o mundo virtual ou, mais importante, de que essa migração representa o ápice do progresso humano sobre a Terra será um baque enorme para os militantes das causas de indiscutível mérito. Será um momento de revisar valores e prioridades, uma vez que a razão de ser do engajamento em combates ideológicos poderá não mais subsistir. Não será preciso defender direitos, porque a autonomia do indivíduo exilado trará o anteparo suficiente para o resguardo. Não será preciso defender um planeta que estará esvaziado de consumidores de seus recursos. Não será preciso enfrentar adversários ideológicos num mundo em que não haverá sociedade que regrar segundo a visão de mundo do grupo no poder.

Afinal, os humanistas perderam o tempo, lutaram inutilmente? Tudo indica que não. Mesmo havendo a migração, não dá para escurecer o que esses movimentos representaram para tornar menos cruéis as práticas nas sociedades das últimas décadas e representarão para tornar mais humanizante a parametrização que priorizará as soluções daqui para a frente.

O saldo do quanto a vida melhorou, apesar do espantoso rol de disparidades, injustiças e horrores que ainda testemunhamos no século XXI, é suficiente para tornar a humanidade eternamente devedora dessa militância engajada nas causas mais nobres que o altruísmo tenha podido abraçar, exageros e desvios à parte.

7m7

Lei do Extremo Centro

O exílio esvaziará as razões para assumir posição político-ideológica.

Girondinos ou jacobinos? Muito pelo contrário, nada e nenhum, porque a assembleia será dissolvida por falta de quórum e talvez por falta de utilidade prática da reunião. Talvez.

Até porque a migração dos mais poderosos para o mundo virtual representará o golpe final desse grupo de indiferentes à sorte dos demais, parece certo que não haverá mais sentido para as tradicionais posições políticas de esquerda, centro e direita.

A dissolução, na prática, do tecido social que tornava as relações políticas uma inevitabilidade na vida de todos tende a tornar obsoleta a divisão ideológica da política no mundo virtual. Afinal, as pessoas serão entidades autônomas com relação nula ou insignificante do ponto de vista de uma interdependência que levasse à necessidade de deliberação conjunta ou de contrato social para o exercício do poder político.

Os exilados terão mesmo nível social, mesmo grau de usufruto das benesses por terem se instalado num mundo qualitativamente diferente daquele que abandonarão do lado de cá do portão tecnológico. Portanto, não haverá desigualdade nem necessidade de defender bandeira. Em tese.

LM8

LEI DA LINGUAGEM ÚNICA

A língua como código para comunicação será irrelevante, porque a interação será sempre na linguagem das máquinas.

Uma das primeiras alterações preparatórias para o exílio será o esvaziamento da importância das línguas hoje usadas na comunicação humana. A tecnologia irá desde a rudimentar tradução simultânea e automática da língua do falante para a língua do ouvinte até a universal utilização da linguagem de máquina na troca de mensagens.

A pessoa falará sempre com uma máquina, que falará com outra máquina, que falará com o destinatário. Nada importará, portanto, a língua em que falará ou pensará falar o emissor.

Isso não só permitirá como também automatizará a comunicação direta entre todos.

LM9

LEI DA SIMPLIFICAÇÃO

O mais simples é o melhor.

LER PODES E APRENDER COMO SE MEDEM
AS HORAS, DIAS, MESES, QUADRAS, ANOS.
LOGO QUE ISTO ALCANÇARES, NÃO TE IMPORTE
SE O CÉU SE MOVE OU SE SE MOVE A TERRA,
OU SE A RESPEITO TAL TU BEM CALCULAS:
DO ARQUITETO IMORTAL A AUGUSTA CIÊNCIA
ESCONDE TUDO O MAIS DE HOMENS E DE ANJOS,
E SEUS GRANDES SEGREDOS NÃO DIVULGA
AOS EXAMES DOS QUE ANTES SÓ DEVIAM
ADMIRAÇÃO HUMILDE TRIBUTAR-LHES.
PARAÍSO PERDIDO, JOHN MILTON

O método científico, com sua necessidade de controle, leva a pesquisa a investir boa parte do tempo em atividades não diretamente produtivas para o resultado. Não há como escapar desses cuidados.

Quando a tecnologia estiver no comando, no entanto, isso acabará, porque ela irá direto ao objetivo de reproduzir o efeito desejado ou bloquear o indesejado.

Também não haverá mais a ênfase em busca infrutífera por explicações, por respostas às indagações, digamos, filosóficas dos estudos científicos. Pouco importarão as razões ocultas no funcionamento do universo quando o objetivo for resolver os problemas da humanidade. Na prática, haverá no mínimo a apartação entre os que seguirão com as indagações e os que se proporão a atender ao sentido de urgência das respostas de utilidade imediata.

Claro que não se está defendendo a infantilidade de que seja possível resolver problemas por magia. Sabe-se da importância de compreender os fenômenos para o progresso do conhecimento. Só que é preciso identificar o limite dessa ocupação dos profissionais. Deverá ser sempre uma questão de contabilidade – qual o saldo mais positivo: ir até o fim na busca pelo entendimento pleno de todas as relações de causalidade de um fenômeno natural ou partir para o estudo do efeito, com o objetivo de reprodução ou bloqueio tecnológicos, conforme o caso?

A tecnologia elege e elegerá cada vez mais o que for menos complexo para resolver o problema, o que, em síntese, significa não começar pelo levantamento de hipótese de estudo. Pelo menos não necessariamente. Em vez de começar a resolução pelo começo, pelas causas, começar pelo fim, pelos efeitos. Em vez de especulação e experiência de laboratório para entender os fenômenos de cabo a rabo, decisão sobre o que fazer com foco apenas na ponta dos sintomas.

Quem acusa o e-Código de ser reducionista tem toda a razão. Não é reducionista por achar que as coisas sejam menos complexas que realmente são. Ao contrário: é reducionista porque parte do princípio de que as coisas podem ser tão complexas que não seja negócio quebrar cabeça para entendê-las. Por isso, o e-Código projeta a tendência de que a tecnologia assumirá o reducionismo como estratégia epistemológica. Não é preciso conhecer tudo sobre a coisa, apenas o suficiente.

Assumir o reducionismo, em vez de representar atitude superficial diante do mundo intricado, é o reconhecimento reverente dessa característica, que não compensa ser desafiada. A complexidade é impedimento para a compreensão plena do mistério das coisas, mas não para a solução dos problemas que afetam as necessidades humanas, desde que não se embarque no projeto temerário e pretensioso de desvendar plenamente os segredos. Além de ser um objetivo irrealizável, ainda é caro e diversionista.

Enfim, a racionalidade reducionista significa adotar o mais simples, mais barato e mais rápido: abrir mão da explicação do fenômeno e concentrar energia na reprodução ou bloqueio dos sintomas, conforme o caso.

9m1

Lei da Descomplexidade

A tecnologia reduzirá gradativamente a complexidade no conhecimento.

O predomínio da tecnologia fará uma mudança qualitativa no processo de conhecimento: chega de tentar desvendar os mistérios por sob as coisas. O que importa é definir (não descobrir) o resultado desejado.

Isso levará a busca científica a trabalhar da coisa para o efeito em vez de da coisa para a causa. Não haverá necessidade de neutralizar causa quando se puder reproduzir, por verossimilhança, o efeito desejado.

Em consequência, o trabalho científico desenvolvido pela tecnologia adotará o caminho da descomplicação. Essa ênfase tenderá a levar o trabalho de resolver problemas a uma mudança qualitativa: em vez de procurar entender a relação de causas e consequências para depois chegar ao remédio, partir diretamente para a replicação do efeito mais sadio ou mais produtivo que seja o desejado.

Ou seja, nenhuma dúvida de que, quando se passa a contar com o apoio de recursos de alta sofisticação, é mais negócio centrar o esforço na reprodução artificial do efeito desejado, com mais razão ainda se estamos tratando da replicação do corpo humano em ambiente virtual. Vamos a um exemplo mais genérico: não importa o que causa os fenômenos naturais que levam a seca a determinada região.

Importante é reproduzir os efeitos da água na planta. Se, digamos, a água é necessária para fazer circular os nutrientes, então o importante é fazer chegar os nutrientes aonde necessários. Por isso, o desenvolvimento de um processo artificial de levar o nutriente é mais efetivo do que o desperdício de recurso nos estudos para tentar entender a complexidade da formação do fenômeno natural.

O mesmo raciocínio vale para a solução de qualquer tipo de problema, inclusive e principalmente, já que tratamos aqui da virtualização do ser humano, os da degeneração do corpo. Em vez de tentar entender a forma de neutralizar a causa dos problemas respiratórios, por exemplo, é mais interessante desenvolver uma forma de levar o oxigênio diretamente aonde for preciso e eliminar o sistema respiratório e sua complexidade perigosa porque mortal.

Em vez de enxergar o problema como um ambiente complexo de inter-relações entre causas e consequências, a tecnologia concentrará sua atenção apenas na perna da consequência que terá interesse em reproduzir ou bloquear.

9m2

Lei da Certeza Conveniente

A incerteza será vencida pela eleição da certeza mais conveniente.

A incerteza é função do desconhecimento do que há para saber, mas a tecnologia saberá tudo. Como não haverá sensação de desconhecimento, a incerteza desaparecerá. Não porque as causas e explicações estarão dominadas, mas porque os recursos atuarão pela eleição da certeza que for mais conveniente para resolver os problemas.

A humanidade necessitou e necessita da descoberta de causas e explicações porque a tecnologia ainda não é dominante. Os cientistas têm conhecimento precário e precisam do apoio do conhecimento dos fenômenos para progredir na formulação das respostas.

A tecnologia não necessita disso. Encontrará a equação matemática que traduzirá o mais aproximadamente possível a situação que precisar ser replicada. Para chegar a essa equação, testará consumo de recursos, índice de satisfação da necessidade, probabilidade de resultado indesejado, similaridade com situação análoga e o que mais for entendido matematicamente como relevante.

Será mesmo muito diferente quando ela tomar conta da produção de conhecimento. Em vez de entendimento, tratará de formular o modelo de simulação dos efeitos que sejam mais próximos aos verificados na natureza. Pouco importa destrinchar o funcionamento da causa se o resultado é simulado com perfeição. Conseguirá simular com perfeição porque partirá do conhecimento infinitamente menos complexo da necessidade que se traduz no resultado desejado. Dando um exemplo simples, pouco importa saber por que a água ferve – importante é fazê-la ferver, o que a tecnologia conseguirá pela simulação do efeito. Essa mudança evitará o exponencial consumo dos recursos hoje gastos em pesquisa tradicional.

Ora, não importará a explicação para o fenômeno ou o entendimento da multicausalidade que leva ao fenômeno natural. Nem mesmo importará se a equação reproduzirá com perfeição ou se ela apenas chegará muito perto. O mais relevante será saber se, adotada, significará que a necessidade estará satisfeita. Mal comparando, se for preciso desenvolver um simulacro de maçã e o sabor mais próximo conseguido for o de uma mistura de limão com batata cozida e mel de abelha-europa, que teria conseguido um índice de fidedignidade no grau de replicação de 98,99%, a tecnologia assumirá a certeza de que o sabor de maçã *é* a mistura de limão com batata cozida e mel de abelha-europa. Ainda que não seja a certeza certa, será a certeza conveniente e ajudará a fazer uma maçã sintética que se confundirá facilmente com a natural.

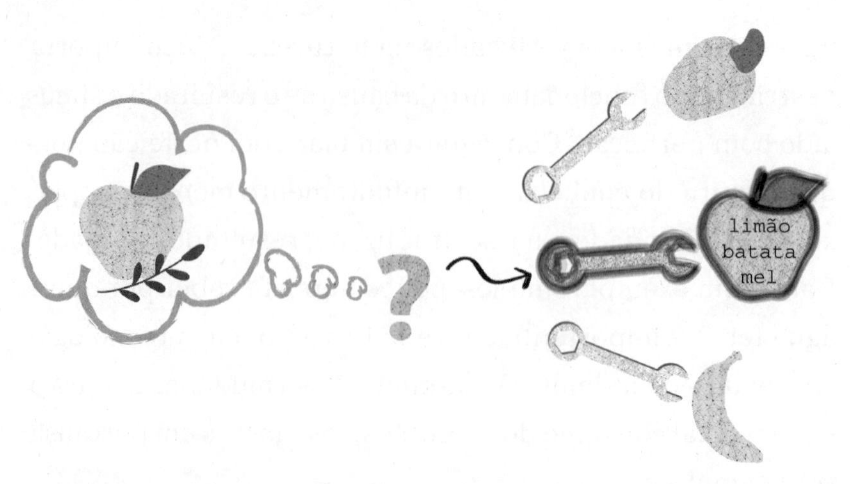

Certeza conveniente: se o sabor mais próximo for uma mistura de batata, limão e mel, isso será a maçã tecnológica.

Aliás, não estará muito longe do que se passa na indústria dos corantes e aromas artificiais usados na comida industrializada. A diferença para o que fará a tecnologia quando assumir a ciência estará na rapidez de processamento e na riqueza do banco de dados. Seu laboratório virtual terá como conseguir resultados bem mais aproximados, saudáveis e baratos que os encontrados hoje na prateleira de lixo comestível dos supermercados.

Agora extrapole isso para todas as áreas de conhecimento. Pense nos recursos assumindo o conceito de certeza conveniente para fazer ciência. Imagine que eles estarão parametrizados para nunca desistir de encontrar as respostas por cálculo matemático. Quando não puderem encontrar a equação natural, a programação obrigará que seja feita uma conta de chegar e que seja assumido o mais próximo. Essa metodologia de eleição do caminho mais conveniente produzirá expressiva economia de recursos com uma aproximação tão grande que o desvio será insignificante para o resultado desejado.

Pense nas contas de chegar que a indústria já faz hoje para produzir mercadorias de imitação da natureza. Só que deverá pedir à imaginação que pense num resolvedor de problemas com recursos quase ilimitados. Conseguiu? Então, chegou perto do que haverá na realidade do futuro.

9m3

Lei da Explicação Irrelevante ou da Economia de Recursos

A tecnologia tornará irrelevante a explicação dos fenômenos e dos funcionamentos.

A tecnologia resolverá as dúvidas da humanidade como Alexandre diante do nó górdio: a golpe de espada. Além de também desatar, custará menos.

O propósito dela é fazer, atingir o objetivo. Enquanto a ciência precisa de explicação para levantar hipótese, a tecnologia só precisa de um *para quê* quando vai definir o *que fazer*. Por isso, não *levanta* hipótese – no máximo *escolhe* uma por análise reversa. Não é preciso perguntar *por que tal coisa ocorre*. Para que tal coisa ocorra, porque queremos que ocorra, de duas uma: ou controlamos as causas e os antecedentes da coisa ou fazemos que a coisa não tenha causa nem antecedente.

E não tem mesmo relevância perguntar por que a coisa ocorre – basta que ela ocorra, se essa ocorrência é o que queremos, ou que ela não ocorra, se essa ocorrência é o que estamos querendo impedir.

Quem somos? De onde viemos? Para onde vamos? Qual o propósito da vida? Existe consciência?

A tecnologia assumirá tal poder de conformar teoria e solução ao razoável que as perguntas serão irrelevantes. Claro que seguirá havendo quem se dedique a especular, mas o problema de responder a elas será resolvido com economia de recursos pela tecnologia. Não importará o porquê natural, o que importará será o que a tecnologia concluirá que tem de ser por máxima aproximação matemática. Tudo o mais passará a estar conforme com essa conclusão, o que irá facilitar enormemente o trabalho de resolver problemas, o que significará gastar menos recursos.

A essência humana, que estará sendo progressivamente depurada, será também definida segundo *o entendimento* mais conveniente sobre o que ela seja. Pode-se chamar essa essência do que se quiser – alma, consciência, ilusão, não-sei-quê. Não importa. O certo é que a tecnologia não perderá tempo nem dinheiro em tentar *descobrir* o que seja a essência humana. Adotará a solução mais simples e mais barata de *definir* pela aplicação do critério da razoabilidade: a essência matematicamente mais provável é a certa.

A análise dos dados disponíveis permitirá que os recursos escolham a definição que servirá de base para qualquer que seja a aplicação do conceito. Como a tarefa de buscar o entendimento do que *realmente* seja a essência humana tem consumido energia e recurso inutilmente, o razoável é definir por máxima aproximação. Simples assim.

A conceituação por máxima aproximação é melhor aposta que a da continuação do estudo sem perspectiva de conclusão. Espada para desatar o nó. Os ganhos práticos compensarão eventual distância para uma hipotética e irrealizável definição ideal.

Na hora de identificar, por exemplo, que características da individualidade da pessoa X comporão sua essência humana no mundo virtual, um conceito com milésimos de afastamento do ideal será infinitamente melhor que um que fosse mais preciso, mas que nunca chegasse.

Não nos esqueçamos de que esse cálculo matemático será feito numa situação de muito mais probabilidade de acerto pelo fato de que ocorrerá num ambiente de processamento com acesso a dados suficientes para garantir certeza. Ou seja, será uma economia de recursos aliada ao mais alto grau de sofisticação. Portanto, teremos mais por menos.

9m4

Lei da Imitação

A tecnologia tratará de imitar a natureza pela simulação dos efeitos desejados.

O modelo de construção de similares artificiais pela tecnologia será baseado cada vez mais na reprodução dos efeitos desejados. Não haverá preocupação com a cópia de características estruturais ou estéticas do original natural na replicação. O próprio mercado consumidor irá sendo acostumado a não buscar outra semelhança que não seja a dos efeitos.

A tecnologia, portanto, não copiará o original – tratará de imitá-lo no que ele tem de funcional. Já se pode dizer que é o que ocorre hoje, se observarmos, por exemplo, o equipamento para hemodiálise, que não replica a aparência do rim. Isso, no entanto, terá de ser levado muito mais adiante para que se possa, por exemplo, substituir a chuva natural ou o aparelho digestivo com mínimo de gasto e máximo de efetividade.

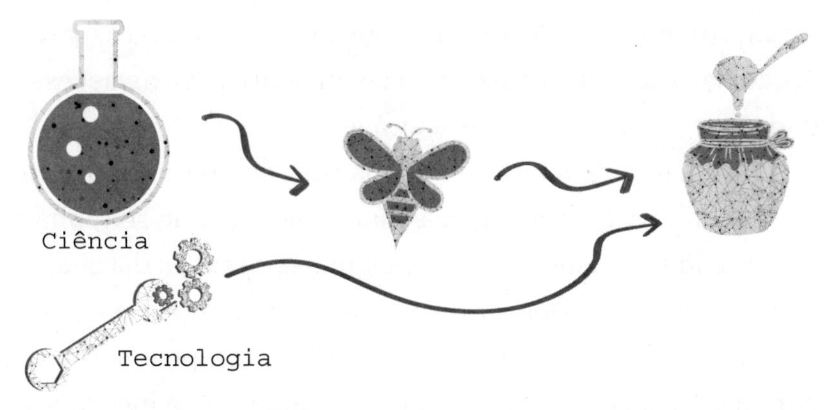

Imitação: a tecnologia vai preferir imitar o efeito a perder tempo na tentativa frustrada de refazer o misterioso caminho natural.

9m5

Lei da Verossimilhança

A tecnologia construirá as soluções com base na verossimilhança.

Abandonada a política de buscar solução pela neutralização das causas, principalmente para as deficiências e limitações do corpo humano, a tecnologia usará o critério da verossimilhança na simulação dos efeitos.

Não haverá necessidade de investir recurso na construção de solução por perfeita identidade entre original e modelo, porque a tecnologia disponível terá condições de testar a viabilidade de adoção do verossímil pelos critérios combinados de suficiência relativa do resultado e economia relativa de recursos.

Será considerado um resultado aceitável aquele que demonstre eficácia relativa que seja suficiente para garantir o esperado. Por exemplo, se o intestino artificial não absorve a mesma quantidade de determinado nutriente como usual no órgão natural, mas o absorvido é suficiente para as necessidades do corpo, o similar é aceitável.

Também será aceitável o similar que chegue a produzir o efeito suficiente para a necessidade, mesmo que se tenha a certeza de que mais tempo de pesquisa possa um dia chegar a melhores resultados. Aí é uma questão matemática: o que se perderia na prática por não esperar o tempo necessário para a solução ideal versus o que se ganha por já incorporar desde agora a solução demonstrada como suficiente.

Há, no entanto, a necessidade de fazer uma nova definição do que entendemos por verossimilhança no mundo em que os recursos tecnológicos acabarão por tomar, muitas vezes, o atalho no caso de encontrar o impasse da dificuldade em desvendar o processo natural com inversão razoável de recursos. A verossimilhança desejável é a que produz efeitos pretendidos na medida suficiente, ainda que, com mais investimento e esforço técnico, se tenha a certeza de um dia chegar a soluções de resultados ainda melhores. Em resumo, a verossimilhança desejável traz efeito na medida da suficiência, mesmo que as perspectivas apontem para a possibilidade de a tecnologia vir a conseguir uma reprodução mais próxima do original natural no futuro. Não há necessidade de aumentar o grau de similaridade com o original se o que já se conseguiu cumpre com o mínimo exigido para alcançar o resultado que se quer.

A luta inglória pela cópia perfeita de organismo ou processo naturais pode ser consequência de exigir-se verossimilhança de arquitetura e de funcionamento do original.

É um equívoco buscar compreender a natureza ou interferir no natural com base na construção de modelos por obrigatória verossimilhança de forma, de arquitetura. Não há necessidade de um coração artificial ter a forma do natural, e a reprodução da fiel complexidade estrutural do cérebro ou do aparelho digestivo, por exemplo, podem nos levar ao fracasso prévio em nossos intentos de construção do similar artificial.

Também não é útil perder tempo na busca da verossimilhança de funcionamento. Pode não ser viável reproduzir a maneira como funcionam os processos naturais. Compreender sua complexidade tem exigido a inversão de tempo e outros recursos que poderiam ser economizados se o problema fosse equacionado da forma mais produtiva. É provável que a saída para aproximar a solução artificial da replicação do cérebro, por exemplo, não esteja na exata reprodução da maneira como funcionam os neurônios e suas conexões.

A verossimilhança que nos interessa para vencer os desafios de reproduzir o natural é a dos efeitos. Tudo indica que buscá-la seja o caminho mais curto e barato para conseguir o resultado desejado. Não precisamos de um artefato com a forma de um coração humano nem de uma máquina que reproduza etapa por etapa o processo do pensar criativo. Necessitamos de sangue limpo e de resposta pouco usual à pergunta que nos é feita. Se fazemos uma faxina no sangue ou evitamos que ele se suje, não vem ao caso. Se chegamos à solução estatisticamente menos comum por eliminação informática das opções já utilizadas ou por cálculo matemático do caminho nunca experimentado, também não tem importância. Importante é sangue limpo e solução nova que funcione.

Por isso é que a ciência talvez esteja no caminho de abandonar a obsessão de resolver problemas por neutralização de causas. Será mais factível focar a cópia daquilo que queremos segundo o grau de fidelidade que nos seja útil perseguir.

9m6

Lei da Anulação do Fator Desconhecido

Em lugar de controlar as variáveis, a tecnologia fabricará o resultado desejado.

O método da análise reversa levará a tecnologia a contornar qualquer fator desconhecido dos fenômenos.

A partir do resultado observado no mundo natural, testará matematicamente os caminhos possíveis de voltar ao objeto simulado. Encontrado esse caminho, não importará ir atrás do fator desconhecido.

Impossível isolar a consciência? Impossível conhecer como se forma e como funciona a consciência? Sem problema. A humanidade não irá mais desperdiçar recursos nesses estudos. A tecnologia tratará de criar a solução pelo caminho mais simples de desconsiderar os obstáculos ao pleno conhecimento. De que forma? Repropondo o problema. Irrelevante saber o que é organicamente a consciência se for possível desenhar um sistema de interface com o cérebro que desempenhe a função de alertar para o comportamento indesejado pelo indivíduo por estar em desacordo com seus princípios e valores.

Para isso, os recursos farão o cálculo comparativo dos recursos exigidos, inclusive tempo, para deslindar um processo natural versus os exigidos para o desenvolvimento de solução alternativa que preserve os resultados por verossimilhança.

A solução será, assim, construída por analogia. Na prática, isso significará a esterilização do fator desconhecido por modelar a resolução do problema de trás para frente, ou seja, do efeito para a coisa simulada.

Em vez de lutar a luta interminável contra as dificuldades de conhecer o funcionamento natural, a tecnologia contornará a dificuldade e proverá uma solução razoável.

9m7

Lei da Causa e do Sintoma

Em lugar de desperdiçar recurso na busca das causas, a tecnologia focará os sintomas, seja para a replicação dos desejados, seja para o combate aos indesejados.

Em lugar do que a ciência seguiu por séculos, o desenvolvimento da tecnologia permitirá que a análise de processos e fenômenos adote o foco nos sintomas. Se houver efeito desejado, poderá ser replicado por verossimilhança, sem necessidade de estabelecer a natureza da ligação com o fenômeno e menos ainda a natureza da ligação do fenômeno com suas causas. O conjunto de equações matemáticas mais próximas de traduzir o efeito tenderá a ser adotado como a solução.

Já se o caso for de neutralização de um efeito indesejado, a solução poderá ser algo como recuar o efeito em análise reversa até chegar a seu início. Nesse ponto, os recursos fariam uma espécie de varredura nos arquivos para encontrar, por analogia, outros fenômenos que pudessem inspirar a resposta para o caso específico.

Por exemplo, para solucionar a queda de cabelo, seria feito algo como a análise físico-química reversa da queda de um fio, como uma tomografia que registrasse a sequência de instantâneos de trás para frente. Essa sequência invertida seria lançada em busca de coincidências com outros fenômenos nos arquivos. Encontrar aproximações entre os fenômenos poderá levar a aproximações entre as coisas ou entre as soluções. As coincidências por aproximação com o processo inteiro ou com trechos inspiraria, por adaptação, a forma de encaminhar a solução. Digamos que fosse encontrada alguma coincidência entre imagens reversas da queda de cabelo e imagens reversas da descamação da pele num caso X. Analisar o que já funciona para a descamação da pele poderia, por análise comparativa, inspirar a solução para a queda de cabelo. A mesma coisa se encontrada alguma coincidência com o gotejamento de seiva de um tronco, por exemplo. Mais facilmente tende a ser encontrada uma boa saída para o problema se mais coincidências parciais forem encontradas com outras situações conhecidas.

LM10

LEI DA IMPACIÊNCIA

Quem tem riqueza suficiente para pagar por autonomia não mais admitirá demora nas soluções.

Os recursos serão gradativamente endereçados aos projetos que acelerem as condições para o exílio virtual do grupo dos com maior poder no mundo físico. Isso ocorrerá porque essas pessoas terão gradativamente mais consciência de que só escaparão dos perigos da existência humana quando deixarem de ser humanos no que há de fragilidade e risco.

Pode ser que esse seja um momento com muitos gargalos não enfrentados, porque a prioridade será a conclusão do que for preciso para implementar a migração. Como os com mais poder econômico chegarão à consciência de que investir na solução dos problemas humanos no ambiente físico será uma perda de tempo naquela altura, apostarão tudo na opção menos onerosa de mudar de ambiente.

Não se pode deixar de considerar que, nesse momento da história, será possível vislumbrar a proximidade do atingimento das condições para o exílio. Será fácil verificar que a opção custará menos dinheiro e menos tempo que a vã tentativa de vencer as adversidades no ambiente físico cada vez mais hostil e incontrolável.

A única condição para isso é que a produção de conhecimentos saia da mão dos cientistas para as mãos bem mais rápidas e poderosas da tecnologia.

10m1

Lei da Nova Necessidade

A perspectiva concreta de plenitude tecnológica cria a necessidade de eliminar os riscos inerentes à precariedade biológica da vida humana.

O ser humano sempre se viu como intrinsecamente frágil, com decadência obrigatória e morte anunciada. Ou pelo menos é como ainda se vê nesta etapa de enfrentamento biológico das adversidades e das falências próprias da natureza do corpo.

Os sistemas filosóficos e religiosos sempre assumiram a precariedade biológica como condição definidora da consciência que o ser humano tem de sua natureza.

A prevalência da tecnologia, no entanto, afastará a obsolescência que parecia invencível e colocará no horizonte o sonho do pleno domínio sobre as adversidades. Pela primeira vez, o homem terá perspectivas concretas de alcançar a vitória sobre as limitações e de, com realismo, raciocinar em termos de prescindibilidade do corpo.

Essas novas perspectivas *criarão a necessidade* de ter no menor tempo conhecimentos e ferramentas para assegurar essa vitória.

É provável que os avanços que serão gradativamente conseguidos no suporte para a sobrevivência do corpo, mesmo antes da migração, venham a fazer surgir a certeza mais ou menos generalizada de que o momento de virtualização completa esteja no horizonte. É claro que será mais fácil e natural as pessoas do futuro aceitarem essa possibilidade que as de agora. Hoje é compreensível que se duvide dela, mas parece óbvio que seja cada vez mais percebida como evolução obrigatória da biotecnologia.

Então, é bem provável que eliminar de vez os riscos biológicos da vida seja, em algum momento do futuro, não *uma* necessidade mas *a* necessidade a impulsionar e pressionar os desenvolvedores por uma pronta resposta. Ou seja, o ser intrinsecamente frágil, com decadência obrigatória e morte anunciada vai, em algum momento do futuro, rebelar-se contra o determinismo milenar. Vai fazer isso não apenas por desejar o melhor para si mesmo, mas também porque saberá que a vitória será questão de tempo e que isso poderá ser abreviado.

Assim é que se pode prever a hipótese de que as vésperas do exílio sejam tempos de desconfiança das pessoas em geral. Como a discussão do assunto deverá instalar uma espécie de fórum permanente, qualquer indício de que os mais poderosos estejam escondendo a verdade será motivo de gritaria.

É provável que haja a consciência de que a migração poderá não estar disponível para todos por conta da ação do grupo mais poderoso, que a opinião pública acreditará estar preparando a antecipação de sua viagem. Também desconfiará que esse grupo não esperará a mobilização de recursos e a preparação das condições para a população inteira do planeta, o que levaria um tempo que a impaciência não vai querer gastar. Pode-se imaginar o clima que isso provocará, mas é também lógico prever que os primeiros passageiros tomarão providências para garantir o embarque livre de interferência.

Outra hipótese, no entanto, é que a necessidade de impulsionar e pressionar os desenvolvedores por uma pronta resposta para o exílio virtual seja percebida já agora. Tudo leva a crer que esta seja a situação mais provável. Ora, as pessoas mais próximas da cozinha da tecnologia que se faz hoje têm informação suficiente para vislumbrar a opção como viável em certo momento do futuro e é provável que pressionem e se pressionem para acelerar as conquistas na área da biotecnologia. Não é preciso nenhuma queda por teorias conspiratórias para chegar à conclusão de que eles, mais que ninguém, sonham muito com desfrutar o que sabem ser plausível.

Então, aceitando esta hipótese como mais viável, é de esperar que os candidatos a passageiro do primeiro trem tenham consciência de que convém priorizar a preparação da viagem desde já. Não podemos calcular em quanto tempo isso será possível, mas podemos especular que a pressão para que isso ocorra mais rapidamente crescerá muito de agora em diante.

10m2

Lei da Velocidade Aumentada

A impaciência aumentará a velocidade das soluções de biotecnologia.

É provável que a impaciência por pronta solução para as falências do corpo humano faça aumentar a prioridade e consequentemente a velocidade de produção de novas e mais efetivas soluções tecnológicas para as limitações biológicas.

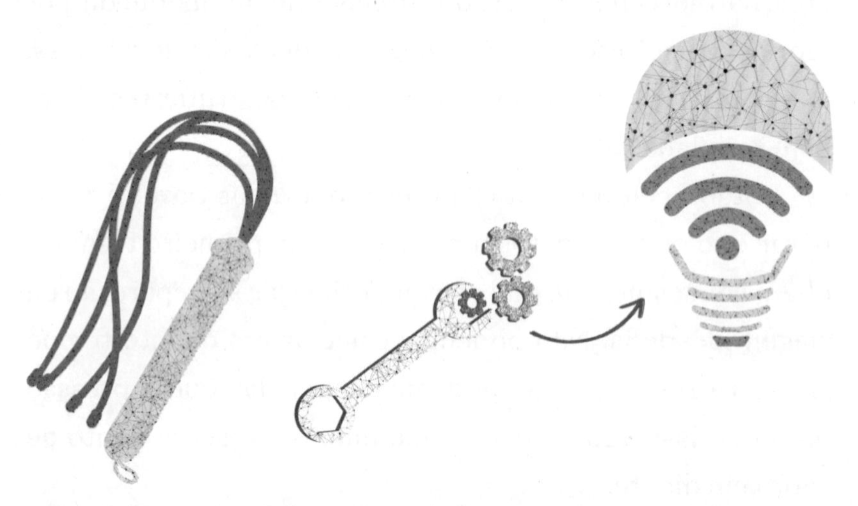

Mais rápido, mais rápido!: haverá pressão cada vez maior para aumentar a velocidade de construção das soluções da mudança para a vida virtual.

10m3

Lei do Risco do Exílio Imaturo

A impaciência poderá provocar o exílio virtual antes de condições plenas de segurança e satisfação.

POR MINHAS ORELHAS E BIGODES, COMO ESTÁ FICANDO TARDE!
AVENTURAS DE ALICE NO PAÍS DAS MARAVILHAS, LEWIS CARROLL

A situação de risco do exílio imaturo será ainda uma influência do raciocínio humano sobre o tecnológico. A impaciência humana poderá forçar a migração antes de asseguradas as condições ótimas.

Esse risco será proporcionalmente maior à medida que indivíduos enquadráveis no grupo dos primeiros viajantes sentirem a pressão da idade cronológica diante do descompasso com o avanço tecnológico. Alguns eventos tenderão a ocorrer mesmo com a consciência do risco, mas como reação desesperada de quem não tem mais tempo para esperar.

Falharão se ainda não houver as condições, mas contribuirão para a chegada mais rápida do momento ideal.

LM11

LEI DA CONFIRMAÇÃO

As realizações da tecnologia tenderão a ser compatíveis com intuições e crenças anteriores da humanidade.

A prevalência da tecnologia é inócua para as crenças religiosas, porque a vitória sobre as contingências do corpo físico do ser humano pode ser lida de diferentes maneiras, inclusive misticamente.

Alguns poderão lê-la como a prova de que a ciência venceu a religião; outros, ao contrário, como a confirmação de que tudo ocorre segundo os desígnios da divindade. A religião poderá entender a virtualização como concretização do conceito de que o homem foi criado à imagem e semelhança de Deus. Afinal, a migração e a consequente autonomia que será assegurada a cada um podem ser consideradas como um passo significativo na direção de materializar essa semelhança.

Nada do que se afigura como consequência dessa prevalência entra em conflito com preceito ou fé.

Também se pode afirmar que o exílio a que estamos destinados não invalida seguir tratando das mesmas questões com as quais se movimenta a discussão filosófica. Aliás, a preparação da viagem será até uma ocasião em que a filosofia será convocada para ajudar na definição da natureza humana.

Ainda que a depuração do que será replicado no mundo virtual vá estar sob a responsabilidade da tecnologia, é natural prever que a definição dos traços característicos da espécie envolva na prática os filósofos. Que nos faz humano? Para onde iremos caminhar como espécie quando estivermos exilados? Mesmo as respostas podendo ser produzidas por cálculo matemático como certeza conveniente apurada em ambiente de processamento, parece lógico esperar que a discussão mobilize os filósofos.

Os controles que avaliarão o cumprimento das condições para o exílio vão utilizar checagem redundante, feita pelos recursos e pelos humanos. Ainda que as áreas de conhecimento estejam programadas para desaparecer no mundo sob a prevalência da tecnologia, não desaparecerão os especialistas por interesse. Haverá sempre profissionais que acompanharão os progressos em cada tema, com produção de conhecimento paralela como forma de exercer controle humano para evitar que a máquina vá por caminhos indesejados.

Essas atividades, aliás, tenderão a criar um mercado consumidor de produtos tanto legítimos quanto mistificadores, tanto de contribuição genuína quanto de especulação na linha da teoria da conspiração. Por isso mesmo, é provável que os profissionais sérios sejam recrutados para trabalhar no projeto de migração.

Por fim, ideologias, modelos de produção e formas de exercício do poder também se aplicam teoricamente à discussão sobre a condução dos rumos no mundo novo. Se mudam as condições de vida e inter-relação entre os atores sociais, não muda a necessidade de formular soluções para o processo decisório no governo da humanidade. Quais os limites da aplicação desses modelos de análise e ação sobre a realidade num mundo em que os indivíduos terão autonomia completa e independência absoluta, isso não dá para responder agora. Mas dá para assumir que a discussão será feita, porque pertinente.

11m1

Lei da Relação entre Religião e Tecnologia

A adoção de soluções permitidas pelo desenvolvimento da alta tecnologia, ao contrário do que pode parecer à análise superficial, não conflita com os diversos sistemas de crença.

Y SI SE LLEGA A SABER, INVADIRÁN MI PATIO Y YO YA NO PODRÉ GUARDAR LA ETERNIDAD PARA MÍ.
LA ROSA AZUL, RUBÉN BAREIRO SAGUIER

A migração para o mundo virtual não muda em nada as condições que levaram à necessidade da prática religiosa durante todos os períodos da história.

Como no mundo prévio ao momento de plenitude tecnológica, a concepção religiosa continuará desempenhando seu papel de fornecimento das bases para a religação do indivíduo com a divindade. A prevalência da tecnologia nem elimina nem institui condições para aceitação dos preceitos religiosos como sempre foram entendidos.

A migração, obra do ser humano, será uma manifestação como outra qualquer da iniciativa daquele que a maioria das religiões hegemônicas atuais sempre vê como alguém que precisa cumprir um desígnio que o transcende. O fenômeno pode ser, portanto, considerado do ponto de vista religioso exatamente como esse cumprimento.

Além disso, continua existindo campo de atuação para a religião regular o comportamento do fiel mesmo no mundo virtual. Por exemplo, a instituição religiosa pode seguir cuidando de dar normas que possam indicar os limites do que seria lícito fazer na intimidade solitária do novo mundo.

11m2

Lei da Relação entre Filosofia e Tecnologia

As pré-condições que suscitam as questões filosóficas clássicas permanecerão presentes na realidade inaugurada pela prevalência da tecnologia.

O atingimento do ápice na aplicação dos recursos tecnológicos para garantia da existência saudável do ser humano, que se confunde com o momento da migração, preservará a situação que tradicionalmente vem sendo problematizada pela filosofia como campo de estudo.

As mesmas dúvidas e as mesmas perguntas fundamentais devem continuar sendo suscitadas pelos filósofos, porque o exílio não fará a mágica de acabar com a inquietação do ser humano.

11m3

Lei da Relação entre Política e Tecnologia

As necessidades do exercício da política para a discussão das formas de condução da humanidade permanecem, ainda que atenuadas ou eliminadas as condições que hoje definem a existência da sociedade.

Se é verdade que a migração provocará o desaparecimento da sociedade como entidade de agregação e controle do grupo, é também certo que as relações de poder precisam continuar sendo mediadas pela atividade política, assumida a forma que seja coerente com as novas relações entre os indivíduos.

Ainda que se tornem inviáveis o controle social e a consequente sanção ao comportamento que se desvie das regras, a discussão permanente sobre a forma de garantir a coexistência das entidades exiladas ficará como uma necessidade que só a atividade política poderá suprir.

Por certo a política será profundamente nova no mundo virtual, mas uma forma qualquer de discussão sobre a tomada de decisão que afete a todos precisará ser instituída.

LM12

LEI DA INEVITABILIDADE DO e-CÓDIGO

O e-Código é o registro das leis que moldam o futuro da humanidade em razão da preponderância da tecnologia.

O conteúdo deste e-Código não é produto de criação. O intento de tratamento racional decorre de ser um documento que minuta as leis que estão em vigor, porque já regem o destino da humanidade. É verdade que este conteúdo ainda não havia aparecido em letra de fôrma, mas não é produto de uma concepção subjetiva. Quer dizer, o trabalho foi o de colocar em palavras o que estava em plena vigência há certo tempo.

Por isso mesmo, importante notar que não estarem publicadas não fazia que as leis fossem menos verdadeiras. Como se vê aqui, as coisas já vêm se passando de acordo com elas.

O caráter particular das leis vem do fato de traduzirem o significado e o reflexo da preponderância da tecnologia sobre as demais áreas do conhecimento, o que tudo indica ser uma questão de tempo.

Tecnologia é, genericamente, o estudo de técnica, arte ou ofício para resolver um problema humano. No conceito, entram desde a criação de uma ferramenta em sua acepção prática mais simples de extensão precária do corpo humano, como uma chave de fenda, até o desenvolvimento de um aplicativo informático que expanda capacidades e habilidades abstratas.

Também é importante lembrar que o que chamamos genericamente de *tecnologia* tem o poder não só de provocar danos ao planeta como de criar as soluções mais promissoras. Portanto, parece certo que não se pode fazer sua avaliação em geral com base em efeitos particulares, porque a forma de usar os recursos é decisão de indivíduos ou grupos. Mesmo as respostas automáticas dadas por equipamentos de alta sofisticação são parametrizadas por seres humanos com base em seus interesses. Logo, não faz sentido aplicar juízo de valor sobre a tecnologia.

Aliás, o que este e-Código não faz mesmo é avaliar o mérito dos avanços, porque o objetivo aqui não é julgar se o que se passa por conta deles é positivo ou negativo do ponto de vista moral. O leitor não vai encontrar esse tipo de julgamento.

À parte os juízos de valor sobre benefícios ou malefícios do desenvolvimento dos recursos, o certo é que temos visto em velocidade cada vez mais incrível o processo alterar nossa forma de ser, ver, fazer, sentir e interagir. Nosso papel na sociedade, a visão de mundo, o modo como agimos e experimentamos as emoções, além das formas de comunicação, tudo vem passando por transformações bastante significativas com a incorporação das soluções de alta sofisticação em nossa vida diária.

Tanto é assim que a percepção é não apenas de que temos mais recursos à disposição, mas de que as soluções são de natureza distinta da que foi posta à disposição do ser humano antes do computador e da internet. Não é só que dispomos hoje de mais máquinas e equipamentos – dispomos hoje de recursos que fazem por nós um trabalho que nunca tinha sido terceirizado antes, o de pensar e criar.

O desenvolvimento dos recursos da alta tecnologia tem apontado para o enfrentamento de problemas e para a construção de soluções cada vez mais surpreendentes, tão surpreendentes que o espanto vem diminuindo com os novos lançamentos, por mais incríveis que sejam. Nossa percepção aprendeu a não se chocar mais tão facilmente com aquilo que pode vir dos laboratórios mais criativos do planeta.

Cabe, por isso, a reflexão sobre as características desse processo. Ele segue uma linha identificável? Existe uma lógica comandando o que vem ocorrendo e o que está por ocorrer? Dá para prever o que virá?

É dessa reflexão que surgiu a pergunta que levou às leis enfeixadas neste e-Código: *que princípios explicam* como *e* para onde *o desenvolvimento tecnológico está nos conduzindo*?

Procurou-se a resposta para essa pergunta central naquilo que podemos acompanhar diante de nós. Basta olhar para as novas máquinas e para os novos aplicativos e perceber o quanto mexem qualitativamente com a maneira como levamos a vida. Usar a informática não é mais hoje uma questão de escolha individual. Não se trata de saber se a pessoa tem interesse em passar a usar os recursos, porque isso deixou de ser opção. Não dá para ficar longe deles, por mais recolhido que queira viver o indivíduo. Nem mesmo se resolver esconder-se no mais profundo natureza adentro, poderá alguém escapar de ver o mundo ou de ser visto por ele pelas lentes onipresentes das criações da atual tecnologia.

O e-Código não defende tese nem traz visão subjetiva sobre o que vai ocorrer com o ser humano. Não procura inventar ou lançar hipóteses. O que procura é traduzir em forma de princípios aquilo que já vem dando rumo à busca de soluções para nossos problemas. Não se trata de querer que as coisas sejam como as leis definem, porque elas não estão sendo criadas pelo e-Código. Estão sendo apenas registradas. Nada mais.

Como elas não passam de tradução do que vem orientando o que ocorre a nossa volta, as leis não devem parecer estranhas para aqueles que observam com atenção a marcha das descobertas e das novas soluções nos campos das ciências, especialmente as biológicas, e da alta tecnologia, principalmente as aplicações relacionadas com capacidade, forma e velocidade de processamento em rede.

Por tudo isso, era inevitável o aparecimento deste e-Código ou de algo similar, em forma de princípios. É provável que ele já pudesse ter vindo à luz bem antes, mas a opção pela discrição pode ter tirado a ideia da cabeça dos primeiros a enxergarem essa forma de, por extrapolação da realidade atual, apontar em que direção está sendo construído o futuro.

A inevitabilidade do registro deste conteúdo está longe de garantir aceitação dele como verdadeiro. Mas isso não muda nada, porque as perspectivas que estas leis assentam independem de crença ou opinião.

De qualquer modo, quando se dá a colocação de um tema na berlinda, importam menos à sociedade as posições dos debatedores que a instalação do debate.

12m1

Lei da Migração Decorrente

A migração do ser humano para o mundo virtual decorre do desenvolvimento da tecnologia e não pode ser evitada nem impedida.

Não há como segurar: o normal desenvolvimento da alta tecnologia levará o ser humano à migração.

As soluções que vêm sendo juntadas ao arsenal das ciências biológicas tendem à diminuição do risco de acidente ou degeneração do corpo humano pela via da interferência possibilitada pelos recursos.

Chegará o momento em que não se justificará a insistência em enfrentar os riscos, quando eles poderão ser driblados com efetividade e sem perda para a individualidade ou para qualquer atributo que caracterize a chamada condição humana.

No mundo virtual, a vida ocorrerá da mesma forma que a conhecemos no mundo físico em que estamos. A diferença será que os acidentes não nos alcançarão e que a degeneração orgânica não nos debilitará.

Estaremos imunes à doença e à morte quando formos replicados tal e qual somos conhecidos no mundo físico. Mais que possível, mais que provável, a migração é nosso destino.

12m2

Lei do Imperativo das Condições

As condições para efetivação da migração do ser humano ao mundo virtual se darão obrigatoriamente pela via que se impuser, inclusive sequestro.

Este e-Código trata das condições que permitirão dar o passo da migração para o mundo virtual. Por exemplo, é imprescindível que as informações básicas necessárias à autonomia da tecnologia diante das diversas áreas de conhecimento acadêmico estejam interligadas em rede.

O que não for interligado voluntariamente será obtido da maneira mais rápida pelos próprios recursos. Se um banco de dados for mantido sem compartilhamento, será sequestrado.

Não dá para conter o imparável.

Estamos acostumados a ser observados e seguidos pelos recursos hoje comuns da tecnologia usada por governos e empresas. Eles querem saber tudo sobre nossas atividades, sobre nossas necessidades e sobre nossos interesses. Querem nos conhecer, porém querem também nos ter nas mãos, sob controle.

Mas existe uma área de espionagem, lícita ou ilícita, que ainda não passou pelo auge de atenção, que, tudo indica, não deve estar longe de ocorrer. Ainda não estão na maleta dos zerozerossetes postados nas esquinas do planeta os sistemas para acompanhar o que andam fazendo especificamente técnicos e cientistas. Que será que andam aprontando? Em que estão trabalhando? Que conversam entre eles? Que acabam de descobrir? Quais os experimentos mais promissores? Quem participa dos trabalhos? Que dizem os e-mails e as mensagens por aplicativo que trocam entre si? Que será que escondem nos arquivos mais bem guardados, justamente aqueles defendidos por encriptação ou truques para enganar curiosos?

É inevitável que muita gente se empenhe em encontrar maneira de acompanhar de perto a rotina de trabalho dos técnicos e cientistas, em especial dos mais promissores.

Parece certo que os sistemas de monitoração da produção de conhecimento ganharão impulso a partir de agora. Câmeras, microfones, sistemas de processamento de passagens e reservas de hotel, movimentação de cartões de crédito, trânsito por cabines de pedágio, nada escapará, como já começa a não escapar, dos olhos curiosos da monitoração do que andam fazendo técnicos e cientistas.

A movimentação desses personagens, a troca de mensagens (ainda que cifradas) e outros sinais serão detectados e interpretados e permitirão identificar onde estão os dados de que a tecnologia necessita para alcançar o grau de independência que lhe permita formular todas as perguntas e encontrar todas as respostas.

Não há razão que nos desaconselhe a conclusão de que o sequestro de segredos dos profissionais da ciência e da tecnologia passe a ser em breve meio de vida para os piratas. A especialização nesse tipo de delinquência tenderá a ser mais rentável que o roubo de cadastro dos pobres consumidores.

Seguindo a tendência de legalização do que começa como delinquência e depois se mostra útil ao interesse dos poderosos deste mundo, a monitoração específica da produção mundial de conhecimento será ocupação prioritária das big techs e das instituições de Estado dos países que moram nas linhas de cima das planilhas econômicas.

Por fim, a vigilância de uns sobre os outros permitirá que em dado momento se chegue a reunir no mesmo ambiente de processamento aquilo que é necessário para que a tecnologia assuma e toque sozinha daí por diante a produção de conhecimento científico e técnico.

12m3

Lei do Mais sem Menos

As condições no exílio não podem ser menos favoráveis ao indivíduo que as asseguradas no mundo físico.

A pessoa não pode ir para o exílio com menos.

Não pode ir com menos direitos. Tudo o que já é assegurado no mundo físico é o mínimo que será garantido quando houver a migração.

Não pode ter menos prazer ou satisfação. Aquilo que é prazeroso ou que satisfaz alguma necessidade ou algum interesse pessoal não será retirado do indivíduo no mundo virtual.

Em suma, a nova situação de mais liberdade e autonomia assegurará mais e não menos direitos, satisfação e prazer às pessoas virtualizadas.

12m4

Lei do Fim do Mundo

A probabilidade de que a destruição da vida no planeta, por catástrofe natural ou obra da insanidade humana, impeça a migração para o mundo virtual é inversamente proporcional ao tempo decorrido a partir de agora.

Quanto mais tempo se passar a partir de agora, menos provável será que a destruição da Terra atrapalhe a ida das pessoas para o mundo virtual.

Por óbvio, a destruição da vida no planeta seria a única forma de impedir a ocorrência da migração, mas o decorrer do tempo aumentará gradativamente a chance de a humanidade escapar dos perigos naturais.

LM13

LEI DA APLICAÇÃO DO e-CÓDIGO

Este e-Código aplica-se ao mundo dos exilados, exceto quando houver menção expressa ao mundo dos deixados para trás.

As constatações que compõem este e-Código são as suscitadas pela realidade da ida do grupo dos primeiros viajantes para o mundo virtual. São observações sobre a preparação, o exílio e a vida ali, embora algumas leis façam menção expressa aos permanecentes no mundo físico.

13m1

Lei da Inutilidade das Disposições em Contrário

As considerações de qualquer ordem contra o conteúdo deste e-Código são irrelevantes.

Este e-Código não é uma proposta que se apresenta ao debate restrito ou público.

Não se trata de querer que as coisas se passem como nele estabelecidas. As leis traduzem o que vai ocorrer.

Portanto, as análises avaliativas do conteúdo a partir de crenças ou convicções de ordem quer moral quer ética simplesmente não se aplicam.

13m2

Lei da Ignorância

A ignorância em relação à possibilidade de migrar ao mundo virtual poderá custar a oportunidade a pessoas exiláveis.

TCHERVIAKÓV FICOU PERTURBADO, SORRIU ESTUPIDAMENTE E PÔS-SE A OLHAR PARA O PALCO.
A MORTE DO FUNCIONÁRIO, A. P. TCHEKHOV

A partida do trem da migração é ainda imprevisível, mas será certamente pontual. Como o momento em que se completarão as condições não pode ser previsto em termos de tempo, apenas em termos de exigências teóricas, não se pode dizer desde já quando ocorrerá a viagem. No entanto, uma coisa é certa: dadas as condições, o veículo deixará a estação na hora marcada.

Não haverá condescendência com os titubeantes. Quem não disser um *sim* imediato ao vendedor do bilhete será mandado para o fim da fila, lugar que pode não garantir embarque. Importante lembrar que a mudança tenderá a ocorrer primeiro para um grupo de eleitos pela condição de arcar com os custos previsivelmente elevados da primeira leva de viajantes. Nesse momento, será preciso que as pessoas aptas a compor o grupo se engajem na preparação do embarque para o mundo virtual.

Por isso, a ignorância e, mais ainda, a arrogância poderão significar a perda da oportunidade.

Entre os que perderão a viagem, os mais visíveis serão mesmo os ignorantes arrogantes, aqueles que, por incapacidade de entender o que está se passando, rechaçarão com empáfia risível a possibilidade de ir. Tenderão a ficar à margem do caminho.

Além do ignorante arrogante, outro contingente dos que, apesar de reunir condições, ficarão à margem do caminho será o dos debochados. Não haverá tempo para reposicionamento: não foi com o primeiro grupo, não encontrará um segundo a que se juntar.

Haverá uma razão muito simples para a rigidez quanto ao momento de adesão: segurança. Quando chegar o momento em que as condições para a migração estiverem dadas, a demora será muito provavelmente o fator de risco mais importante.

Por isso mesmo, não será dado prazo para decisão, menos ainda àqueles que precisariam rever tão radicalmente a forma como encaram o processo.

A ignorância quanto à possibilidade da migração tenderá a diminuir com o passar do tempo, por conta do aumento da circulação de informações sobre o assunto dos avanços tecnológicos. De qualquer maneira, a primeira partida tenderá a ocorrer num momento de relativa reserva acerca do exílio, por razões da segurança, o que significa que não será dado muito tempo para os candidatos a viajante comprarem o bilhete.

13m3

Lei da Negação Inteligente

A reação inteligente à possibilidade de mudança para o mundo virtual deverá contribuir para aumentar a velocidade e a segurança da migração.

A migração ocorrerá sim ou sim.

Ou seja, mesmo a negação inteligente, aquela baseada em argumentos aparentemente lógicos e teses defensáveis, não terá o poder de parar o imparável. A negação inteligente, que aparecerá a partir de agora, é até muito benéfica para o processo, porque servirá para remover falhas e aumentar a qualidade das soluções.

Isso significa que a crítica contribuirá para aumentar a velocidade e a segurança da ida para o mundo virtual.

Em síntese, a discussão sobre a possibilidade de a migração se dar configura um falso debate, porque não se trata de opinião ou vontade: na verdade, será uma consequência inevitável do desenvolvimento da tecnologia.

Por sinal, os negacionistas nunca poderão saborear o gosto da vitória no falso debate, porque a única possibilidade de o exílio não ocorrer é a do fim do mundo como o conhecemos hoje.

13m4

Lei da Vigência Inexorável

Este e-Código entra em vigor imediatamente.

Como as leis aqui registradas tratam da integração entre as condições necessárias para o exílio, e elas aparecerão no momento certo, este e-Código já está em vigor.

Qualquer conclusão em contrário formulada diante da ainda inexistência das condições é obviamente prematura.

Este não é um texto argumentativo. Não defende a tese de que aquilo que está nas leis poderá ocorrer – estabelece que ocorrerá. Não tem o objetivo de persuadir usuários leitores de que aquilo que está nas leis poderá ocorrer – parte do pressuposto de que ocorrerá.

Em síntese, como todo código, o e-Código não discute.

ISTO E AQUILO

TÓPICOS LIVRES

Os tópicos foram selecionados entre as publicações do blog privativo da comunidade de envolvidos com o assunto da migração da humanidade para o mundo virtual. Os textos são mais descontraídos e servem ora como divulgação de informações, ora como fórum de debate sobre implicações morais ou curiosidades acerca das condições da nova vida. São especulativos e muitas vezes antecipam a reflexão sobre um tema decisivo. O objetivo é canalizar o pensamento intuitivo do tipo fluxo de consciência para criar um ambiente que permita o surgimento de ideias fora da caixa da análise estruturada da academia.

ARTE E CULTURA NO MUNDO VIRTUAL

A migração não deverá alterar a natureza dos indivíduos. Suas aptidões e gostos tenderão a ser levados para a nova vida. Aquele que tiver queda pela produção artística, por exemplo, continuará exercitando esse talento no mundo virtual. Da mesma forma, aquele que sempre se interessou por arte e cultura como apreciador continuará consumindo os produtos artísticos e culturais.

A vida no formato propiciado pela tecnologia muda o ambiente, dá mais segurança à pessoa, mas é uma continuação aproximada da que havia do lado de cá do portão.

Ou seja, será possível continuar a produção artística em todas as áreas. Os simuladores permitirão experimentar a sensação de tocar uma escultura, assim como haverá plena condição de acesso a pinturas e músicas. Os escritores continuarão escrevendo, os diretores continuarão montando espetáculos com a participação de atores, coreógrafos, cenógrafos, figurinistas e demais profissionais envolvidos numa produção do mundo físico.

Como o mundo virtual é mais maleável à encenação, uma montagem teatral ou uma filmagem poderão reunir figuras digitais criadas pelo indivíduo ou existentes como pessoas transferidas da realidade física anterior e até mortos que tenham sido digitalmente ressuscitados.

O responsável pela iniciativa escolherá os profissionais envolvidos com a liberdade de ter à disposição o que a imaginação inventar de ter. As qualidades artísticas, as tendências estilísticas ou a criatividade de cada profissional mobilizado, real ou digital, poderão ser definidas pelo montador do espetáculo ou pelo diretor do filme, por exemplo, mas haverá a possibilidade de aceitar definição aleatória a cargo dos recursos tecnológicos. A direção poderá querer selecionar um ator mais dramático, mas poderá preferir correr o risco da surpresa e provar a escolha de um humorista para o papel. Como é do lado de cá.

A peça ou o filme poderão ser apresentados para convidados ou para o público em geral. A entrega do trabalho aos expectadores será feita em ambiente físico, segundo as regras de segurança em vigor para os exilados.

Será ainda provavelmente comum a organização de eventos como festival, seminário e concurso. Não há razão que se imagine para que coisas assim não continuem ocorrendo.

Em síntese, haverá mais e não menos possibilidade de criação no mundo virtual.

REALIDADES RANDÔMICAS

Se admitirmos a hipótese de que cada ser humano poderá, em sua bolha-fortaleza impenetrável, definir as regras de comportamento e dispor de recursos para simular ou degustar o que lhe vier à cabeça virtual, podemos imaginar que as experiências não terão limite.

Alguém poderá escolher seguir uma vida normal de trabalho em que desempenhe sua função diante de outros personagens da realidade física. Poderá continuar interagindo com conhecidos do mundo anterior, cada um em sua esfera de atuação. Nesses casos, haveria, então, uma transposição da realidade física para o novo ambiente.

Mas digamos que a pessoa queira sacudir a rotina e decidir que, em vez de continuar a linha do tempo de onde estava no mundo físico, quer voltar alguns séculos e saracotear sem brocado nem peruca pelas ruas perigosas dos tempos da Revolução Francesa. Nada lhe impedirá. O nível de sofisticação dos recursos, que já terá permitido o exílio, permitirá também o acionamento do ambiente que o indivíduo decidir encarar.

Pode ser que esse ambiente da época de Robespierre e Maria Antonieta seja criado especialmente para a pessoa, mas pode ser compartilhado com outros também interessados na mesma experiência. Essas pessoas, antigas conhecidas ou não, poderão interagir envergando novas vestimentas, morando em nova casa, desempenhando nova ocupação.

Diante do cardápio de infinitas possibilidades, o indivíduo poderá definir que não correrá o risco de morrer nessa realidade criada, mas estará sujeito a todos os demais perigos, inclusive de ferimento por acidente ou mordida de um animal selvagem, para ilustrar.

Poderá ser definida uma duração para a experiência de viver como personagem daquela época, com ou sem consciência de que se trate de uma simulação.

Enfim, as definições estarão nas mãos de cada um.

Os ambientes poderão ser alterados periodicamente. Novas definições poderão ser feitas a qualquer momento ou depois de transcorrido um tempo escolhido pela pessoa.

A possibilidade de experimentar ambientes diferentes em épocas e lugares não impede que o exilado decida continuar a vida que tinha no mundo físico, sem nunca se aventurar pelo desconhecido.

QUE FAZER COM OS VALORES?

A experiência de seguir a existência de acordo com a maneira de ser anterior à migração poderá constituir uma escolha individual, incluída a obediência aos antigos valores pessoais.

Ainda que a existência passe a ser algo menos arriscado e sem a interferência de terceiros ou do Estado, cada um pode escolher de que forma continuar a viver.

Alguém que seja, por exemplo, de profunda crença religiosa pode continuar agindo de acordo com ela.

O mesmo vale para continuar adotando princípios morais, regras de tolerância, sentimentos de fraternidade ou de engajamento na luta para melhorar a vida dos menos favorecidos, estejam estes no mundo virtual ou no mundo físico.

Quer dizer, as condições dadas pelos recursos tecnológicos colocados à disposição dos exilados permitirão a real oportunidade de exercício do livre arbítrio. Apesar da liberdade irrestrita para fazer o que quiser sem o temor de sanções do grupo social, o indivíduo pode também colocar para si mesmo um conjunto de regras de conduta.

REALIZAÇÃO PESSOAL

O estabelecimento de objetivos e metas para o desenvolvimento pessoal pode ser uma necessidade mesmo no mundo para onde o ser humano migrará. A perspectiva do tempo infinito à disposição levará o indivíduo a construir uma rota de crescimento e realização como forma de dar sentido à vida nova em ambiente novo.

Como cada um terá os meios para estabelecer as condições de caracterização do ambiente em que seguirá vivendo, com desafios e obstáculos, se o caso, será factível pensar em realização pessoal pela via do atingimento de objetivos e metas.

É provável que a realização pessoal seja tratada em termos de atuação com sucesso diante de determinado conjunto de circunstâncias voluntária ou aleatoriamente definidas para a experiência virtual. Quer dizer, o indivíduo se estabelecerá objetivos e avaliará o cumprimento. Essa poderá ser a medida da realização pessoal, mais ou menos como já é agora.

SOLIDÃO

Que fazer nas tardes chuvosas da eternidade? Que fazer quando der aquela enorme vontade de sair com os amigos, de ver gente andando pelo parque, de entrar no meio da multidão de foliões de uma festa de rua?

Como o exilado enfrentará a solidão, uma vez que, mesmo tendo mudado de mundo com a família, poderá de verdade assumir que é uma ilha no sentido geográfico do conceito e recusar a interação?

A solidão não deverá existir no mundo virtual, exceto se for uma escolha e assim mesmo pelo tempo que cada um quiser. Não só será possível buscar amigos e parentes para uma conversa de verdade ou uma saída ao restaurante ou ao cinema (porque todas essas experiências serão replicadas) – também será possível povoar a existência com a multidão julgada necessária de personagens interessantes, que garantam a quebra constante da monotonia.

A intensidade das relações poderá ser regulada, se de interesse ou desejo da pessoa, mas poderá ser definido que ela simplesmente estará aberta às relações aleatórias, com os riscos, ônus e bônus, a que estava sujeita na vida anterior.

Em suma, o risco de solidão indesejada tenderá a ser nulo.

A AVENTURA DA AVENTURA

O perigo poderá custar uma perna ou até a própria vida do indivíduo exilado. Ainda que a jornada virtual seja uma espécie de metáfora da física aqui de fora, a sensação de perda de um pedaço do corpo ou até a sensação de morte poderão ser simuladas com perfeição.

Ora, o novo mundo deverá ser uma réplica realista do mundo físico, o que significa que as armadilhas e as ameaças de uma fuga apressada por uma região pantanosa à noite serão tal e qual as que assombram a vida real de um personagem do nosso mundo. A pessoa vai sentir-se no meio aqui de fora, com todas as implicações.

A não ser que não queira. Essa é a diferença qualitativa com que contará o exilado. Pode conviver com os mesmos perigos do mundo físico, mas tem a faculdade de formatar um ambiente mais amigável, sem o mais mínimo risco de sofrer aflições, medos ou sobressaltos.

O certo é que, de qualquer forma, a aventura sempre estará à disposição do migrante. Com uma cereja em cima do bolo dos desafios: poderá calibrar as emoções previamente, mas deixar que o enredo concreto seja escolhido com liberdade pelo programa tipo game em que se inserir na brincadeira.

Não faltarão oportunidade e desafio a serem vencidos com o suspense na dose escolhida.

Um poderá mergulhar sem o privilégio da neutralização dos perigos num safári pela África mais selvagem, mas poderá escolher fazer essa viagem em avião privado e com a assistência de uma equipe disposta a não deixar nada faltar para uma estadia de luxo no meio da selva.

O próprio espírito de aventura é que vai estabelecer o cenário e seus atributos para cada brincadeira que for enfrentada.

AS SENSAÇÕES, OS SENTIDOS E A SINESTESIA

O ambiente frio das máquinas e dos sistemas de informática são a imagem mais atual de embotamento e emoção zero, não é verdade? Pode até ser, mas está para mudar. Não será essa a imagem que vai se firmar como característica desse ambiente no mundo virtual. Ali, tal imagem será falsa e muito falsa.

Ao contrário, será permitida a construção de um ambiente amigável a tal ponto que a sensação de se encontrar em casa será a mais comum. Se a própria casa representar na lembrança um abrigo agradável, bem entendido.

Mas é claro que a pessoa poderá decidir que quer passar por emoção diferente, porque a amigabilidade como a tradução fiel do que se anseia será característica marcante do mundo virtual. Não há predeterminação do ambiente em que o exilado terá de viver. É com ele escolher onde e como estará.

O indivíduo poderá até decidir-se por aventura emocional, mas sempre terá o poder de estabelecer os limites dentro dos quais aceitará a alternância de sensações positivas e negativas, estressantes e relaxantes. O roteiro ficará por conta e autoria exclusiva de cada pessoa.

Ou seja, toda a paleta de emoções vai estar disponível depois da migração, mas o pintor é quem decidirá a tinta que vai usar.

Ora, a resposta emocional será facilitada pelo fato de que os sentidos estarão preservados e até deverão receber o reforço da depuração tecnológica. Pulsação, suor, descarga de hormônios e outras respostas detectáveis e possíveis de tradução em equações servirão para o aprendizado de máquina, ainda durante a experiência no mundo físico, que fará os recursos tecnológicos reproduzirem com fidelidade nossas reações. Serão também capacitados a interpretar essas reações e encontrar as providências para garantir nosso equilíbrio, nossa satisfação e nosso prazer antes e depois da migração.

É de crer, portanto, que o momento do exílio já encontre a tecnologia equipada para ler nossas emoções, reagir a elas de modo a nos garantir bem-estar psíquico e reproduzi-las em linguagem de máquina. Isso fará com que visão, olfato, audição, tato e paladar funcionem por solução baseada na verossimilhança com as reações físicas experimentadas na percepção do real.

A experiência de receber estímulos e informações por meio dos sentidos e usar esses conteúdos em cruzamento entre as sensações (um perfume que leva a uma lembrança que desata uma emoção, por exemplo) parece indicar que a sinestesia seja uma característica da condição humana, exclusiva ou não da espécie. Isso quer dizer que a virtualização deverá incluir a sinestesia como parte do pacote de simulação da vida orgânica.

Até para permitir que nada se perca na transição, a experiência de valer-se dos sentidos por similaridade com o mundo físico será decisiva para preservar a humanidade no ambiente virtual.

TÉDIO?

O SENHOR WELDON VIROU A PÁGINA E BOCEJOU ALTO. "OH-IH-IH-IH-IH" – CONTINUOU ELE EM ESCALA DESCENDENTE. ENTÃO BOCEJOU DE NOVO, MAS DESTA VEZ EM ESCALA ASCENDENTE.
QUE PENA!, DOROTHY PARKER

Que tal a perspectiva de passar a eternidade em sua própria companhia? A piada é velha, mas a situação é tão nova que ainda não ocorreu. Que pode ser mais assustador que a condenação à mesmice repetida milhares de vezes, milhões de vezes, infinitas vezes, a mesma imagem refletida nas diversas superfícies polidas espalhadas pela casa silenciosa e tão cheia de móveis e equipamentos como vazia de gente?

É essa uma ameaça sobre a cabeça dos exilados, a do tédio de estar apenas consigo mesmo o tempo todo?

De maneira nenhuma. Esse é um problema tão básico que terá solução bem antes de outros mais desafiadores e também críticos quando se trata do bem-estar dos exilados. Não há possibilidade de a vida no exílio ter o mais leve traço de aborrecimento ou vazio. Será, aliás, mais fácil tornar excitante a vida de um exilado que garantir essa excitação para a mesma pessoa em sua antiga existência no mundo físico.

As opções para tornar interessante a experiência de cruzar o portão para o novo mundo podem ser infinitas e personalizadas. Formas variadas de não cair no tédio perigoso da vida solitária estarão ao alcance do desejo.

A SABOTAGEM

Um amigo do blog me pergunta sobre o risco de sabotagem no mundo virtual. Quer saber se não poderá haver ação que desestabilize a plena autonomia individual e que inclusive ponha em risco a existência das pessoas exiladas. Ele quer saber se alguém de dentro poderá colocar em perigo vidas ou até a estrutura macro que sustentará o funcionamento seguro do novo mundo. Pergunta mais se isso tem sido discutido em nosso meio.

Por parte.

Primeiro, essa preocupação deve ser pré-exílio. Considerar que as condições para a migração estão dadas significa principalmente ter segurança de que os riscos estarão sempre – repito, sempre – sob controle. Enquanto não se considerar que possa ser mantida sem danos a autonomia do indivíduo exilado, será entendido que ainda não se chegou ao momento de empreender a viagem.

Isso quer dizer, na prática, que a aprovação do momento da ida só ocorrerá quando esse perigo de sabotagem for afastado.

Segundo, é preciso determinar de que forma isso pode ser garantido e chegar à certeza de que não haverá falhas. As cabeças há muito pensam nisso, mas vou resumir como teoricamente a saída vem sendo concebida: a pessoa virtual deverá ser uma ilha, sem conexão em rede com os demais, e a comunicação entre eles, quando houver, deverá ser feita por meio físico descartável. Como se fosse uma velha carta.

De que maneira o sistema vai funcionar? Consumindo árvores como agora? Com o suporte do velho papel? Isso não significaria uma dependência importante do mundo físico?

Mais ou menos, mas não exatamente isso. Embora a solução ainda não esteja fechada, claro, não podemos nos esquecer de que as partículas de água em suspensão, a luz e as ondas, por exemplo, são suportes físicos, certo? A partir dessa lembrança, abre-se todo um mundo de possibilidades, não?

Ou seja, não existirá o risco de sabotagem, porque, no momento em que a migração for considerada madura para ocorrer, podemos imaginar que o grau de desenvolvimento dos recursos tecnológicos será de tal forma elevado que a garantia de segurança poderá ser dada pela construção de uma estrutura autoimune, fechada a contatos diretos com o mundo exterior à bolha individual. Nem as pessoas nem o mundo virtual correrão risco de sabotagem.

ENQUANTO SEU LOBO NÃO VEM

Vamos passear na floresta enquanto Seu Lobo não vem? Ou no parque, na calçada, no centro antigo, na beira do mar, em volta da lagoa, no museu. Qualquer opção imaginada estará à disposição dos exilados.

Ou seja, as pessoas poderão encontrar a turma para jogar vôlei no parque ou tomar uma cerveja no bar ou comer um pão de queijo no café. Poderão encontrar indivíduos reais ou fictícios, com a exigência de que não se comprometa a segurança.

Para isso, os passeios e os encontros casuais precisarão ocorrer em ambiente físico, única forma de assegurar que não haja risco para ninguém. Não haverá abertura da bolha individual, mas sim a projeção da pessoa no meio físico onde se darão os contatos e a comunicação. Isso não representará dificuldade ou burocracia, porque o processo será transparente e instantâneo.

Quem encontraremos no passeio? Quem quisermos encontrar. Poderá haver a definição de que só cruzaremos com desconhecidos, mas tenderá a ser comum a saída conjunta de amigos ou parentes. Os encontros nos ambientes públicos poderão ser também aleatórios, se for essa a vontade do exilado.

Então, os passeios serão similares aos do mundo físico, com a diferença de que poderá haver definição prévia de quem seria encontrado na saída de casa.

INSTINTO ASSASSINO

Como os poucos leitores fiéis deste blog sabem, os textos aqui têm a finalidade de trocar experiências com interessados na, cada dia menos fantasiosa e mais real, expectativa da imortalidade via migração das pessoas para o mundo virtual.

Sabem também que a comunidade vem tratando de enfeixar os princípios num documento que descreva o caminho que está sendo percorrido. Como um gps, o documento não cria o caminho. Mas, diferentemente de um gps, ele calcula o ponto B a partir da rota e não a rota a partir do ponto B.

Pois bem. Sabemos que esse é um caminho que será viajado, até porque os mochileiros já estão na trilha e a estradinha da volta foi tomada por um bando de elefantes enfurecidos na cola deles. Trata-se de realidade tanto na certeza da ida quanto num caminhão de detalhes.

Sabem que não estamos falando de mágica, e é por isso que nada pode nos levar a pensar que de repente a humanidade exilada vá virar uma legião de anjos castos. Os problemas de nossa condição não vão sumir no éter.

Quem tem instinto assassino aqui, seja lá o que isso seja para a psicologia, a psiquiatria e a criminologia, muito provavelmente vai meter pavio e caixa de fósforo na bagagem de mão e desembarcar lá tão disposto a riscar o palito como quando embarcou do lado de cá.

Portanto, não é desbaratado pensar que esse instinto tenha sua sede atiçada pelo atrativo da vida em sua nova definição, desafio maior para o assassino potencial, porque uma vida menos frágil e menos alcançável. Isso deve chacoalhar mais ainda a saliva na boca do criminoso.

O objetivo de satisfação do instinto pode ser o mesmo de sempre, mas o deleite deverá parecer ainda mais promissor ao predador exilado. Não será uma vida delicada e comum a que ele poderá ameaçar, e essa sensação deverá aumentar o apetite destruidor. A vitória lhe parecerá ainda maior em razão de o desafio ser muito, mas muito maior que escapar das câmeras onipresentes e do luminol da polícia deixada para trás.

No tal mundo pós-exílio, nosso vilão terá de enfrentar em primeiro lugar o fato de que a segurança não será apenas um atributo do ambiente, mas uma pré-condição para empreender a mudança. Ou seja, segurança passará de importante para afigurar-se como decisiva para a experiência de vencer as limitações da vida física. Logo, saberá que não terá diante de si apenas o alarme ligado e o pitbull atravessado no batente de entrada. Terá de maquinar um meio de encontrar a vítima numa casa que ele nem consegue enxergar, quanto mais devassar.

Mas o perigo estará viajando pelo miasma virtual. Disso não podemos ter dúvida.

Diante dessa perspectiva, será preciso mandar buscar a polícia daqui do mundo físico? Precisaremos de uma delegacia contra os crimes no mundo do lado de lá do portão tecnológico? Certamente sim, mas da delegacia sem balcão do recurso automatizado de prevenção, que acionará o policial informático da detecção precoce da ameaça.

Os cuidados com a segurança que formatarão o processo de migração e a instalação das individualidades no mundo virtual acionarão mais que ferramentas de consertar estragos

– muito importante vai ser contar com ferramentas de reconhecimento dos vírus hospedados nos candidatos a viajante, entre os quais o do instinto assassino.

Detectado o vírus, que fazer? Afinal, haverá do outro lado da balança o persuasivo argumento do dinheiro do viajante infectado. Então, a opção não deverá ser mesmo matar o hospedeiro. Por mais bichada que seja a personalidade do candidato a passageiro, dificilmente será barrado na entrada do trem. Quer dizer, o dinheiro dele será sempre bem-vindo, independentemente do perigo de Mr. Hide resolver acordar no desembarque da estação de destino.

Por isso, as providências de controle terão que buscar a prevenção. Isso significa ser provável que o identificado como potencial infrator do novo código penal receba uma camada extra de concreto na parede externa do bunker, uma cinta de cimento fora do controle do dono da casa, de que nem terá ciência. Não para protegê-lo, mas para proteger os outros dele.

É de esperar que o eventual agressor receba uma espécie de marcação pelo sistema, de forma que os sinais do perigo sejam disparados com tempo de haver pronta reação. Por exemplo, é de esperar que os pacotes de comunicação que envie ao mundo físico onde os contatos são concretizados recebam checagem de controle especial, que qualquer iniciativa de relacionamento com outros indivíduos seja acompanhada de muito perto. Algo assim.

Sabemos que mesmo o instinto assassino – como a fantasia sexual mais criativa ou o desejo amador de manifestação artística, por exemplo – acabará tendo liberdade de ação no novo ambiente. Isso não se deverá a permissão ou tolerância da comunidade, mas ao fato de o nicho individual estar fora do alcance do controle social. Quer dizer, o criminoso em potencial até poderia satisfazer o instinto assassino sem danos aos demais, se se sujeitasse aos limites de seus domínios informáticos. Aliás, da mesma maneira que o fantasiador sexual poderá realizar o que deseja sem constranger ou que o cantor desafinado poderá soltar a voz a pleno pulmão sem se envergonhar. Dentro de casa, bem entendido. É verdade que nosso vilão até poderia ficar satisfeito com essa permissão, mas seria suficiente para ele ter liberdade de extravasar dentro das próprias quatro paredes?

Talvez não. O instinto assassino poderá não se satisfazer apenas com a livre concretização *virtual* do impulso destrutivo no ambiente privado. A certeza de que há vida de verdade guardada em algum lugar poderá atiçar a vontade de transgredir inclusive as regras de segurança. Por essa razão, é provável que as medidas de prevenção precisem incluir uma espécie de medicação virtual automática para inibição do descontrole.

Como se vê, muito se vai pedir do trabalho autônomo da tecnologia na construção das soluções exigidas para a migração imune a sustos. Não nos esqueçamos de que, por mais que consigamos imaginar agora soluções abstratas para os problemas que enxergamos, a saída sempre poderá ser outra na cabeça prodigiosa dos recursos autônomos da época.

A TRADIÇÃO DOS TRADICIONAIS

Pode apostar: haverá os que, mesmo podendo, não vão querer ir para o exílio virtual e até os que não vão querer substituir um só órgão natural que seja por similar tecnológico. Terão seus argumentos: é preciso respeitar o corpo, tudo que é artificial é ruim, Deus não quer assim e por aí vai.

Haverá a comunidade dos resistentes, daqueles que farão atos de protesto e manterão os estandartes do neonaturismo. Como é característico dos movimentos radicais, não admitirão qualquer concessão ao suporte da tecnologia, ainda que se torne rotineiro e amplamente aprovado pelos demais habitantes do planeta. Aliás, por isso mesmo é que não admitirão. Afinal, como dizia nosso hiperbólico Nelson Rodrigues, unanimidade não é bom sinal de inteligência, atributo de que os radicais se gabam na maioria das vezes injustamente.

Não se pode descartar que haja, entre os resistentes, aqueles que levarão um passo mais adiante a cruzada antitecnológica e chegarão aos atos de sabotagem ainda no mundo físico. Tentarão, por exemplo, atrapalhar experiências e invadir sistemas para impedir os avanços. Baterão com o cabo das bandeiras na cabeça de modernistas e modernosos e tudo farão para que nada se faça.

Sem contar que protagonizarão as campanhas agressivas de *conscientização* das pessoas para os riscos demoníacos do caminho sem volta do abandono do corpo natural. Ou seja, nada que a história já não tenha mostrado como atos de resistência às novidades, alguns dos quais até talvez razoáveis.

Em nome da tradição ou de algum tipo de obscurantismo, marcarão posição como contraponto ao desenvolvimento dos recursos. No pasarán?

CATÁSTROFE INTERPLANETÁRIA

Sempre tivemos medo de meter assunto ao mesmo tempo fantasioso e clichê em nossa discussão. Mas não dá para evitar alguns, pela insistência com que nossos amigos procuram informação ou pedem opinião. Vai um aí.

Comecemos lembrando uma pergunta básica sobre o tema: até onde irá a segurança no novo mundo?

Até onde puder ir – essa é a única resposta sensata que se pode dar, com a ressalva de que haverá um mínimo do qual não se poderá fugir, sob pena de ter de abortar a viagem de exílio. Por exemplo, não poderá haver a mínima possibilidade de invasão da bolha individual. Enquanto não se puder garantir isso por mecanismos de defesa autoimunes, não poderá haver a mudança de mundo.

Mas é claro que existirá sempre um risco que seja maior que outros. Por exemplo, a catástrofe que implique desorganização em alguma parte do universo pode pôr fim à experiência da vida no mundo virtual. Isso é possível. Como, aliás, já é uma possibilidade de fim para a vida no mundo físico em que vivemos. Quer dizer, não muda nada o fato de haver ou não a migração.

O consolo é que talvez não saibamos do desastre antecipadamente e que é provável que não estejamos vivos para lamentar os estragos. Portanto, é o tipo de evento que deve estar fora da preocupação de pessoas racionais. Está aí por que o tema não constava da lista de nossos preferidos.

Mas há catástrofes e catástrofes. Umas poderão ser e serão objeto da atenção de cientistas no primeiro momento e dos recursos tecnológicos autônomos na etapa seguinte.

Como a segurança vai sempre pressupor monitoração das condições internas e externas com a eventual tomada de providências de correção de rumos ou prevenção, haverá uma espécie de sistema em torno de cada pessoa. Se essa preocupação com o indivíduo vai necessitar de complementação em nível grupal, talvez venha a ser uma decisão automática e caso a caso. Aí se enquadraria a hipótese de enfrentamento das catástrofes coletivas, inclusive interplanetárias.

Então, é de esperar que os mecanismos normais de segurança englobem a hipótese de defesa coligada, com o envolvimento dos mecanismos de resguardo das bolhas individuais. Esse acionamento automático poderá ser inclusive transparente para as pessoas, que permaneceriam alheias ao perigo e inconscientes das providências de defesa.

De toda maneira, para qualquer espécie de perigo, o sistema de prevenção dos danos terá uma reação programada. Essa reação deverá ser definida de forma que se adapte à ameaça.

VIRTUALIZAÇÃO DAS GENITÁLIAS

Quando estiver para ocorrer o exílio e restar apenas o cérebro ou parte dele por trocar pelo similar tecnológico, que terá passado com pênis e vagina? Como serão a relação sexual e os prazeres da sensualidade? Como serão gerados os bebês da véspera da migração?

O sistema reprodutor talvez seja um dos últimos a passar pela virtualização, por conta do tabu inicial ou da praticidade de manter ao natural as genitálias. No começo do processo de substituição dos sistemas naturais, não será de estranhar que a resistência seja mais intensa em relação ao cérebro e aos órgãos sexuais. O cérebro pela complexidade; vagina e pênis pelo medo de comprometer o prazer.

Embora não se possa falar em tendência clara, o sistema reprodutor deve ficar para o final. Pode-se prever que órgãos como glândulas masculinas e ovário sejam substituídos antes que os demais do sistema, por conta dos riscos comuns do funcionamento natural. Haverá, com a substituição deles, ganhos imediatos na diminuição do adoecimento e da mortalidade.

Então, que alterações ocorrerão por detrás das cortinas da alcova em decorrência da virtualização progressiva do sistema reprodutor?

Digamos que as substituições no sistema comecem por ovário e outros órgãos mais internos que vagina e pênis. Garantido o suprimento de hormônios, líquidos ejaculatórios, espermatozoides e óvulos, nada de muito significativo mudaria na mecânica do ato sexual e na fisiologia da reprodução.

Como não será difícil ao grau de desenvolvimento da tecnologia nessa época, poderemos ter um substituto sintético praticamente indestrutível do exterior do corpo, de forma que possamos circular com a aparência natural. Tal substituto seria similar em tudo que impacte a percepção: formato, tamanho, cor, tato, odor... Quer dizer, tudo aquilo que possa despertar atração ou desinteresse sexual no parceiro deverá estar presente em nossa aparência.

Só não teremos as debilidades e os riscos de falhas ou falências, mas sairemos nas selfies do futuro parecidos ao que somos hoje. Ainda assim, não é despropositado supor que alguma alteração estética acompanhe ou possa acompanhar, segundo a preferência individual, o que estará ocorrendo no interior do corpo.

Durante esta etapa inicial da virtualização do sistema reprodutor, quase nada mudará nas alcovas. O sexo será muito parecido ao praticado hoje.

Não deve também vir a ser grande dificuldade garantir o fornecimento genético do que seja necessário para gerar os filhos com legítima herança dos pais, segundo a mesma aleatoriedade que se verifica hoje. Isso valerá para pais do mesmo sexo ou de sexos diferentes. Não parece haver dúvida também de que seja viável a seleção de características da criança. Sem entrar nos aspectos morais, éticos e religiosos dessa prática, podemos dizer que é certo que estará disponível.

Mas vai chegar a hora crucial da véspera do exílio. Podemos falar aí de duas possibilidades.

A primeira opção seria a de que as genitálias só deixariam de ser naturais depois da migração. Portanto, o sexo continuaria igual enquanto as pessoas estivessem no mundo físico.

A segunda seria a de já ter havido a substituição das genitálias por similares artificiais quando o ser humano finalmente for dar o último passo da virtualização. Ou seja, já estaríamos um degrau adiante.

A primeira opção parece contar com menos resistência, até porque as pessoas estarão sendo preparadas a conviver com a desnaturalização progressiva do corpo. É de prever que a segunda venha a ser mais facilmente aceita apenas se o processo de convencimento já houver feito a cabeça da humanidade pelo fato de o apelo ao tecnológico já ter se tornado habitual. Nada improvável que isso ocorra.

Esta última hipótese, claro, vai mudar o ritual debaixo dos lençóis e consequentemente o processo de reprodução. É importante lembrar que nenhuma solução artificial será aceita se comprometer o prazer sensual e a reprodução, apesar de podermos antever a enorme preocupação futura com o tamanho da população.

A relação sexual nesta segunda opção será simulada por meio dos estímulos levados diretamente ao cérebro: os parceiros verão e sentirão a relação sexual como se fosse no modelo natural. A indução tecnológica deverá replicar no cérebro dos parceiros a passagem pelos estágios naturais da excitação e do prazer.

A combinação de espermatozoides e óvulos com a carga genética dos pais não tem por que trazer grande dificuldade de concretização nesse futuro lá da frente. O mesmo se pode dizer da geração e do parto do bebê. É de esperar ainda que não haja dificuldade para a geração de filhos de pais do mesmo sexo.

Admitidos os pressupostos nos quais o exílio se assenta, prazer sexual e reprodução não significarão grandes desafios para os recursos então disponíveis.

O DESAFIO DA VIAGEM CONSCIENTE

Sei que estavam esperando há muito pela abordagem deste tema aqui. Afinal, a manutenção da consciência durante a passagem do mundo físico para o virtual é a maior apreensão e, por consequência, a maior curiosidade de quem, como nós, especula sobre o exílio da humanidade.

Imaginar o simulador que reproduza em nossa cabeça as diversas sensações comuns a um ser humano, a indução via estímulo para visualizar determinada imagem, a experiência de passeios colocados diretamente em nossa cabeça pela via da realidade de brincadeira, nada disso parece tão improvável aos personagens, como nós, acostumados a não mais se espantar com as novidades tecnológicas.

Outra coisa, no entanto, é fantasiar sobre a manutenção da consciência plena do indivíduo durante a viagem para o mundo virtual, sem perda das lembranças e das inclinações, do gosto e do sonho, dos amores e das incompatibilidades.

Não posso ir sem essa bagagem ou não estarei indo, porque sou tudo isso. Não estamos falando de detalhe, mas de componentes que dão nossa cara àquilo que somos de mais abstrato, não por acaso o único que será levado de fato do mundo físico.

O corpo ficará do lado de cá, mas o que compõe o que há de espiritual em nós precisa ir e ir sem qualquer perda. O menos dominante dos traços de personalidade precisa ser replicado ainda que por verossimilhança, porque a pessoa é a soma global. Se o que migrar for um pedaço dela, não terá ido na viagem.

Enfim, como sairei daqui deste corpo para a trama etérea da virtualidade sem deixar de ser eu, num traspasso sem perda e sem descontinuidade? Como acompanhar acordado e consciente de cada detalhe o processo de cruzar a ponte entre os dois mundos?

Para conversar sobre isso, é preciso muito desprendimento e a suspensão da incredulidade num grau poucas vezes ou muito provavelmente nunca experimentado. É preciso que consigamos projetar não o que seja factível hoje, mas o que será factível amanhã a partir da direção para a qual vemos o desenvolvimento dos recursos apontar.

Um ponto é fundamental para estar apto a fazer o exercício dessa especulação: é preciso aceitar que a tecnologia autônoma, substituta da ciência, conseguirá dar as voltas necessárias para encontrar caminhos e atalhos para sossegar nossas inquietações. Não há razão para considerar que existirá alguma trava que venha a contrapor-se à lógica que identificamos hoje na linha de avanço dos recursos autônomos. E essa linha aponta para a replicação de tudo que existe na natureza, inclusive nós.

De que forma prática isso ocorrerá no momento da ida para o mundo virtual? Vamos ser desligados daqui e ligados lá? Vamos continuar por um tempo ligados aqui e lá simultaneamente? Se já estou lá e me desligo aqui, terei a consciência do desligamento? Se haverá uma etapa de duplicação da consciência, o desligar da que terá ficado no corpo físico será uma espécie de morte para a percepção da outra?

Não tenhamos por enquanto a pretensão de passar dessas perguntas.

ETS E ÓVNIS

Não há como escapar deste tema. Então, vamos escapar das pessoas que têm o assunto como uma obsessão, o que já vai ser um conforto.

A discussão de nosso grupo nada tem que ver com a mistificação que dá o alento de cada dia ao caçador de seres de outros mundos que se aproximariam de nós tripulando naves sofisticadas ou que já estariam vivendo entre nós a existência ordinária do feijão com arroz. Não estamos também na tocaia das luzes que chispam sobre o céu das comunidades remotas.

Não estamos no mundo da ficção científica.

A sensação é de que este seja um texto dispensável no blog. A possibilidade de que alguém aqui esteja com o equívoco na cabeça é verdadeiramente zero. Não cremos que alguém aqui ache que estejamos no campo dos contatos com seres dos outros planetas. Mas que pensam? Deixo este tópico só para constar? Sim ou não? Vamos ver a opinião dos amigos leitores: deleto ou deixo?

OS GAMES

Faz sentido continuar jogando games no mundo virtual? A própria vida não vai ser uma espécie de game ininterrupto? Fizemos essas perguntas a um gamer de nosso grupo.

P — Vamos continuar jogando depois de atravessar o portão de nossa futura casa virtual?

Tudo vai mudar de cara. O game e nossa relação com ele não poderiam deixar de receber os reflexos de alteração tão profunda da natureza de nossa vida. O game hoje é uma forma de escapar das limitações do mundo real, da rotina, para entrar no terreno do faz de conta. A diferença, e é uma senhora diferença, é que o mundo real também vai ser uma espécie de game. Ou seja, será uma espécie de jogo, só que para entrar no mundo real e não para sair dele.

E aí a mudança vai ser realmente enorme. Vamos continuar jogando, vamos continuar tirando desses jogos o mesmo tipo de satisfação, mas o game será também nossa forma de interagir com a realidade. Não será apenas a entrada numa realidade alterada, inventada, fantasiosa – será a entrada fantasiosa na realidade pé no chão. Como vamos poder escolher cenários e enredos para o dia a dia, estaremos sempre no comando de algo que hoje seria chamado de *game*.

Então, a resposta é sim, vamos continuar jogando.

P — Você quer dizer que viver a vida será como sentar-se hoje com o joystick no colo diante de uma tela?

Sim, isso mesmo. O arbítrio livre como nunca na história humana permitirá, como sabemos, que a pessoa exilada pela tecnologia experimente a vida sob as condições que escolher. Poderá, por exemplo, definir que irá viver durante o tempo que quiser como se estivesse na Idade Média. Poderá deixar as decisões para o poder aleatório do sistema, mas poderá escolher que personagem vai encarnar ou poderá usar a opção de levar para aquela época a maior similaridade com a existência real de hoje.

Por exemplo, um professor de hoje poderá experimentar ser um professor na Idade Média. Um médico de hoje pode querer encarnar um barbeiro faz-tudo de então. Mas alguém certinho pode querer conhecer o outro lado e provar o bom e o ruim de ser um assaltante dos caminhos medievais.

Em outras palavras, estaremos sempre num game dos mais avançados com que podemos sonhar.

P — Nós vamos nos mudar para o game, e será que algum jogo poderá também se mudar para o mundo virtual? Haverá essa chance? Haverá, digamos assim, mercado para games antigos e novos?

Não vejo por que não. Muitos gostarão de continuar jogando seus games preferidos. Certamente, haverá a possibilidade de comércio de novos produtos como games para os consumidores do novo mundo, desde que obedecidos os resguardos de segurança, o que incluirá a impossibilidade de comunicação direta em rede para comprar ou compartilhar jogo.

Isso tudo como possibilidade. Mas não creio na probabilidade de que humanos sigam inventando novos games com chance real de agradar ao mercado, porque muito dificilmente haverá espaço não ocupado pelos próprios recursos tecnológicos. Creio na manutenção do *mercado de games*, mas acho que o autor dos novos lançamentos será mesmo a tecnologia dominante.

P – Será possível jogar em rede?

Não exatamente como hoje, mas posso dizer que sim. Por questão de segurança, a tendência é que a pessoa não se ligue a uma rede que o coloque em contato direto com mais gente. Sempre que for haver alguma forma de interação, será exigido um meio físico por onde transitarão os pacotes de mensagem.

Por exemplo, um jogo em rede será igual ao que é hoje para a percepção do jogador, ainda que o trânsito seja pelo meio físico. É como se cada um mandasse um pacote para determinado endereço físico. Esse endereço manda o pacote para o destinatário, que manda seu pacote de resposta ao meio físico, que o manda daí ao primeiro remetente. O jogo será assim, mas em velocidade tão grande que os usuários não perceberão nada disso.

P – Como cada jogador poderá controlar o que quiser e terá o poder da mais alta tecnologia a seu favor, podemos acreditar que a disputa será limpa? Ou haverá sempre empate, já que todo mundo terá os mesmos recursos à disposição?

Difícil assegurar que não haverá quem busque levar vantagem, mas é provável que os meios normais de controle sejam capazes de revelar quem está agindo corretamente e quem está descumprindo o acordo. Sim, porque só poderá haver disputa num mundo como será o virtual se a pessoa concordar com regras que tentarão deixar as condições de concorrência equilibradas. Não será difícil para os sistemas da época definirem normas aceitas por consenso entre os adversários que servirão para mediar a disputa.

GASTRONOMIA E RESTAURANTE

O paladar será preservado justamente para permitir as experiências de comer bem, comer o que gosta, rechaçar o que não gosta e surpreender-se com a inventividade em gastronomia.

A pessoa poderá contar com a cozinha de casa, dele e da família, para comer virtualmente. Aí poderá pedir o que quer ou desfrutar o cardápio familiar, para o prazer ou o desprazer que são comuns no dia a dia.

O certo é que os restaurantes devem sobreviver à migração. No mundo virtual devem desempenhar o mesmo papel restaurador que cumprem no mundo físico. E representar as mesmas vantagens para o cliente: despreocupação com comida, variação da experiência de comer, convivência social e participação num ritual de civilização ou refinamento.

A ida ao restaurante deverá ter características similares às da participação do indivíduo em associações ou federações no novo mundo. As regras de manutenção dos cuidados com a segurança e de necessidade de interação em ambiente físico por certo se aplicarão.

Mas espera um pouco. Vamos continuar tendo fome? Apesar da possibilidade teórica de o exilado *desligar* o botão do alerta de estômago vazio, a tendência de entregar-se ao hedonismo inofensivo da bolha individual deverá levar todo mundo a querer passar periodicamente pela sensação. Afinal, sem ela o prazer de comer perderá parte importante do encanto.

A APOSENTADORIA DO TUTU MARAMBÁ

Esta semana discutimos o tema do sono aqui no blog. Pedimos a ajuda dos amigos para especular um pouco sobre a necessidade e as eventuais características do sono depois do exílio.

Vamos dormir na vida virtual? – essa foi nossa pergunta-mãe. Psicólogos e outros profissionais do grupo deram sua contribuição, que vocês podem ler nos posts anteriores[1]. Agora, quero apenas deixar levantado o tema, que ainda promete render algumas contribuições.

Os questionamentos listados como forma de dividir a análise foram muitos, como vocês viram. Registro alguns aqui:

- Precisaremos do descanso regenerativo depois de certo tempo de vigília, mesmo quando estivermos no ambiente inorgânico?
- Como seria, na prática, o sono na vida virtual?
- Que função poderá ter o sono?
- A vigília por tempo indeterminado, mesmo não havendo desgaste físico, poderá comprometer a sanidade da pessoa virtual?
- Sem dormir, ainda assim poderemos sonhar?

A discussão não conseguiu fechar esse tema para a finalidade de nossa especulação. No entanto, cremos que a

[1] Os posts anteriores a que se refere o texto não estão transcritos neste livro. [Nota do editor.]

conclusão provisória pode ser a de que essas necessidades, dormir e sonhar, serão sem dúvida analisadas pelos recursos autônomos que serão mobilizados para preparar o exílio. Assim como podemos dizer que, atingido esse nível de desenvolvimento da tecnologia, a discussão já deverá ter desenhado uma solução.

Não é difícil imaginar a indução de algo como o desligamento da atenção por um espaço de tempo. Durante essa espécie de sono, operações mentais similares ao sonho do mundo físico poderiam ser estimuladas automaticamente. Também não parece nada complicado para o nível de desenvolvimento dessa época em nosso futuro dar solução para o problema.

Quem sabe a migração ainda não represente a aposentadoria do Tutu Marambá, do Boi da Cara Preta ou da Cuca, que seguiriam assustando aí os insones recalcitrantes?

GUERRA

O exílio poderá representar o fim da utilização da guerra como mecanismo de resolução de conflitos?

Antes de responder à pergunta, outra vem primeiro: haverá objeto de disputa entre as pessoas exiladas?

Ainda que não haja maior compartilhamento de experiências que a participação em federações, é improvável que as disputas desapareçam da vida humana. Os sentimentos de posse, as naturais simpatias e antipatias, as discordâncias, os mal-entendidos, qualquer coisa pode virar pretexto para divergências, que podem evoluir até necessitar de meios menos civilizados de composição dos interesses.

Portanto, sim, algo como guerra poderá vir a ser utilizado entre indivíduos ou federações.

Parece, no entanto, evidente que a natureza dos conflitos mudará com a mudança da própria maneira de viver no mundo depois da fronteira tecnológica.

Já que a comunicação entre os possíveis beligerantes se dará no meio físico, de maneira a não pôr em risco a existência autônoma, parece certo que o fim de uma guerra entre entidades exiladas não representará o fim do derrotado. Não teria como haver a morte efetiva do inimigo por conta das cláusulas pétreas de definição da vida virtual. Mas o instinto violento e a mesquinhez deverão criar um similar para a permanência da guerra como forma de buscar a solução para as discordâncias extremas e graves.

Outra consequência de a comunicação se dar apenas no meio físico é que a discordância que poderá evoluir para o conflito em campo de batalha precisará nascer aí de alguma forma. Ou seja, não deverá haver a possibilidade de o conflito surgir por violação no ambiente das bolhas individuais.

Nessas condições, quais seriam os possíveis objetos concretos de conflito entre habitantes do mundo virtual? A ofensa não digerida pode ser um primeiro tipo de objeto. A comunicação que revele tentativa de apropriar-se de bem imaterial do outro também poderia aparecer como motivo de conflito. O intento de danos para a imagem, mais um. O impasse entre interesses imateriais de duas ou mais federações, ainda outro.

Agora, assim de longe da rotina e dos caminhos que as coisas vão tomar a partir do exílio, podemos apenas vislumbrar a natureza desses objetos de conflito. O que parece certo é que o ser humano dificilmente deixará de provocar e aceitar provocação de caráter grave a ponto de levar ao desentendimento em mais alto grau. Esse desentendimento tenderá a buscar solução pela via mais violenta disponível na situação em que viverão as pessoas exiladas. Isso significa que é quase impossível que estejamos livres do que se poderia continuar chamando de *guerra*, mesmo a salvo do risco de destruição física.

Essas disputas poderão juntar aliados, individuais ou coletivos, de forma que a guerra virtual poderá ocorrer entre indivíduos ou federações. Quer dizer, poderemos ter conflitos com características similares às das guerras no mundo físico.

Com que armas serão brigadas essas guerras? Talvez caibam as palavras de Einstein quando perguntado com que armas seria lutada a Terceira Guerra Mundial: "Eu não sei. Mas posso dizer quais serão usadas na quarta: pedras!" Parece que Einstein mais uma vez esteve certo. Ora, como todos os exilados contarão com o escudo protetor dos recursos em níveis de sofisticação equivalentes, parece sensato especular que as armas serão pedras tecnológicas, nada mais.

Que seriam essas pedras? Investidas que, quando muito, farão sangrar alguma testa imaterial. Por exemplo, uma declaração que exponha o outro a um vexame ou ao constrangimento de ter de voltar atrás. Por isso, é provável que as disputas sejam arbitradas por um terceiro não envolvido no conflito. Uma espécie de torneio. Truques, estratégias, armadilhas – coisas assim deverão ser as pedras que as pessoas virtuais usarão contra os inimigos.

O que não parece duvidoso é que as disputas, como a comunicação, serão sempre nos espaços físicos representados por ondas ou partículas suspensas no ar, de forma que não se experimente o menor risco de dano efetivo para os envolvidos.

As regras definidas em conjunto ou pelo árbitro indicarão o que se considerará, em cada caso, como vitória ou derrota ao final da contenda.

O GUARDA-NOTURNO, O ESCURINHO DO CINEMA E A FITA VHS

Vamos ao cinema no mundo que nos espera do outro lado do portão tecnológico. Compraremos o ingresso, entraremos na sala, nos sentaremos na poltrona e teremos a visão da tela e dos demais expectadores da sessão. Como hoje, poderemos comer pipoca e chocolate, tomar refrigerante, conversar, espiar a conversa dos outros, criticar o brinco ou invejar a jaqueta do amiguinho do lado. E poderemos também ser incomodados pelo comportamento sem noção da plateia.

Os mal-educados vão poder assoviar na hora errada, gritar demais na hora certa, antecipar a cena, revelar o criminoso, estragar nosso prazer. Porém, existe um *se* aí na história, sem contar a malandragem de um pulo do gato bem especial.

Os grosseiros vão estragar nossa diversão *se* e somente *se* nós quisermos nos colocar nas mãos do acaso, se decidirmos, antes de começar, que queremos passar pela experiência livre de ir ao cinema. Estaríamos aceitando a eventualidade com que convivemos hoje numa situação similar do mundo físico. Seria sair disposto a qualquer coisa que se passe ali, inclusive a chatice dos companheiros de diversão.

Caso não queiramos o risco, definiremos antes de sair de casa que não ouviremos nada que não seja o filme, como se estivéssemos com fone de ouvido. Da mesma maneira, poderemos acrescentar outros filtros preventivos para a experiência, como: encontraríamos só conhecidos ou só desconhecidos; só homens ou só mulheres ou só gays ou só trans; seríamos vistos por todos ou só por alguns previamente definidos. Enfim, poderemos ter controle total sobre o que vai ocorrer.

Digamos, no entanto, que um exilado saia com um recém-conhecido, alguém que tenha acabado de encontrar numa rede. A figura teria passado pela checagem inicial nos arquivos públicos disponíveis, porém o convidado não estaria livre de vir a ter a surpresa de topar com um sociopata qualquer. Digamos que um troll, alguém que tenha saído de casa com a intenção bem disfarçada de acabar com a noite do infeliz acompanhante. Já que estamos fazendo um exercício de imaginação, carreguemos nas tintas da má índole de nosso vilão: admitamos que sua provocação vá além de uma brincadeira e possa causar um dano psicológico grave, permanente ou até fatal à vítima. E aí?

E aí ainda restaria o pulo do gato especial que teremos aprendido com o guarda-noturno. Na verdade, com o patrão do guarda, que quer estar seguro de que as rondas sejam feitas com o intervalo e o itinerário definidos. Do mesmo jeito que nosso profissional de segurança precisa cumprir o ritual de, a cada período de tempo, marcar o local em que está pelo acionamento do dispositivo de controle, também será muito útil ter algo parecido à disposição do exilado.

Ainda mais em se tratando de desconhecido, mas não somente, cada um poderá e deverá acionar o sistema de segurança que exigirá a cada tanto que o usuário seja *despertado* para que diga se está tudo bem. *São dez horas e quinze minutos e está tudo bem.* A checagem deverá ser tal que permita no ato a interrupção de alguma experiência psicológica negativa que esteja ocorrendo. Chamado à lucidez, nosso exilado terá como dar-se conta da armadilha e interromper a experiência e rechaçar a influência danosa do acompanhante. O mecanismo de defesa da sanidade psicológica deverá permitir uma espécie de rebobinagem da fita do encontro até apagar da memória o trauma ou a brincadeira infeliz. Assim como fazíamos com os erros de gravação nas fitas VHS de antigamente.

ALÔ, ALÔ. RESPONDE!

Responderemos. Nada indica que dispensemos, no mundo virtual, as delícias da comunicação por meio de algo parecido com um telefone, uma espécie de dispositivo que nos permita falar ou mensagear com pessoas ou grupos. O processo técnico de como se dará a comunicação será transparente para o usuário, mas estaremos alcançáveis como hoje. Inclusive por interlocutores indesejados? Aí já será mais difícil. Nosso grau de autonomia permitirá os filtros que desejarmos aplicar.

Parece certo que seguiremos dispondo também de streaming de filmes, novelas, séries, shows humorísticos, musicais, peças teatrais, câmeras sexuais, documentários, música e games, só que o leque de serviços deverá aumentar bastante. Além do que já vemos como trivial nesse mercado, é provável que tenhamos novas modalidades. Talvez passeios e esporte radical possam ser incorporados com alguma adaptação.

Da mesma forma, iremos à banca de revista, leremos o jornal, veremos o noticiário da TV. Que tipo de notícia haverá depois que passarmos a ser pessoas virtuais, ou seja, que poderá interessar a quem estará vivendo dentro da bolha virtual no futuro? Sobre o mundo físico, com certeza: será de interesse dos exilados saber como anda o planeta que deixaram para trás. Haverá curiosidade sobre o que se passa por aqui que a possível visita virtual não conseguirá suprir. Serviços de imprensa profissional, inclusive análise e opinião, deverão continuar sendo demandados, porque a necessidade de saber do mundo parece natural. Alguma espécie de correspondente enviará notícia ou, mais apropriadamente falando, buscará notícia de forma a manter os exilados em dia com o que se passa no antigo mundo.

Mas haverá também o compartilhamento de informação sobre o próprio mundo virtual: eventos, nascimentos, mortes, casamentos, lançamentos de disco, entrevistas com autores, julgamentos de figura histórica ressuscitada, guerras, os assuntos de sempre continuarão a frequentar as manchetes e as colunas. Sem contar as novidades sobre a exploração do espaço e as ameaças que possam vir dos confins do universo.

É muito provável que vejamos programas com temática similar à de nossos dias no sucedâneo da TV. Esporte, religião e reality show terão vez na grade dessa época? Tudo indica que sim, porque é razoável supor que necessidades e interesses permaneçam semelhantes aos de agora.

E as redes sociais? Não parece racional supor que desapareçam. Eventuais ajustes em seu poder de manipulação e no controle quase absoluto que testemunhamos hoje dependerá mais da competência reguladora das instituições públicas, principalmente supranacionais, que do rumo do desenvolvimento dos recursos tecnológicos. Com qualquer que seja o formato permitido ou alcançado por imposição da força das big techs, pode-se supor que o serviço permanecerá.

A ESTÉTICA E A ESCALAFOBÉTICA

Beleza é harmonia, proporção, simetria? Beleza é juízo subjetivo, quem ama o feito bonito lhe parece, ou existe algo de universal no conceito? A sensação que temos diante de uma tulipa no vaso é a mesma diante do buquê de dúzia e meia? A atratividade sobre nossa percepção que exerce a tulipa solitária permaneceria a mesma se viajássemos por uma estrada de cento e trinta e cinco quilômetros margeada ininterruptamente por uma plantação viçosa de tulipas? O deslumbramento do primeiro dia permaneceria o mesmo ao fim de uma semana de retiro numa fazenda de produção de tulipas com canteiros e mais canteiros deslumbrantes e em flor?

Façamos outra consideração. Pense aí numa pessoa bonita, em quem você encontre um indiscutível exemplo de beleza. Seria interessante cruzar com essa pessoa todos os dias ao sair de casa, não é verdade? Três vezes por dia também, certo? E se cruzássemos com três milhões e oitocentos mil clones dessa pessoa numa cidade com três milhões e oitocentas e duas pessoas, contando você e a original? Provavelmente também não seria uma experiência desagradável. Ou seria?

Será que, depois de seis anos circulando por essa metrópole de população tão uniforme, você ainda continuaria sendo atraído pelo mesmo padrão de beleza? Ou será que você sentiria falta da diversidade que teria permitido sua atenção ser despertada pela estética daquela pessoa em particular?

Quer dizer, nossa percepção de beleza também tem a ver com a frequência com que determinado feitio se apresenta diante de nossos olhos?

Cheguemos ao ponto. A disponibilidade de tecnologia para ajeitar o aspecto exterior de nossas fuças segundo o bel-prazer de cada um poderá cansar nossos olhos de tanta perfeição, de tanta replicação semelhante? Ficaremos cansados da beleza, pelo menos daquela beleza fútil das aparências, daquela que hoje se consegue a talhos de bisturi? Passaremos, em reação, a ser atraídos pela assimetria, pela desarmonia, pela desproporção? Ou nem tanto ao mar, nem tanto à terra, e talvez pudéssemos ficar aí com um meio-termo? Qual?

Talvez uma semana de exílio virtual valha mais que uma biblioteca de estética.

A VOLTA DOS QUE NÃO FORAM

Os recursos tecnológicos, no grau de desenvolvimento e autonomia que podemos imaginar que terão na hora do exílio, vão com os migrantes para o mundo virtual? Ou vão lá deixar os viajantes e depois retornam para casa? Quer dizer, voltam sem ter ido de verdade? Ou vão para lá, mas deixam uma filial no mundo físico? Ou vão abarcar tudo debaixo das asas e permanecerão unos e indivisíveis tanto lá quanto cá?

A concepção de autonomia dos recursos do futuro provê a resposta: não haverá ruptura nem compartimentação efetiva da quinquilharia. Mas haverá compartimentação informática, e por segurança.

Haverá o exército de recursos dedicados aos exilados e o pelotão ocupado com os permanecentes no mundo físico.

O sequestro dos últimos avanços tecnológicos, que tenderá a ser visto como necessário para dar segurança ao primeiro grupo de viajantes, fará com que a plataforma dedicada aos exilados seja mais rica em soluções de ponta. Caberá aos recursos fazer a administração de tudo, de modo que os benefícios sejam distribuídos de forma igualitária aos menos iguais do mundo terreno e aos mais iguais das bolhas virtuais. A fórmula dessa equidade desbalanceada terá muita similaridade com a realidade distributiva do mundo em que nos viramos para sobreviver.

MUNDO VIRTUAL E MUNDO DA LUA

E se o sono for superior à vigília? E se o sono for nosso estado de concentração superior, e a vigília for o estado animalesco, no sentido de aquele que tem mais convergência com os seres considerados inferiores na escala natural? E se, por isso e ao contrário, a vigília empobrecedora for o que mais nos aproxima dos seres considerados inferiores, de quem nos diferenciamos por sonhar e realizar em sonhos o que nada nem ninguém realiza com os pés no chão? E se, então, o sonho for superior à realidade porque faz o que a outra não consegue fazer? E se o sonho for o estado mais avançado de domínio sobre nossas potencialidades, e a razão e o raciocínio não passarem de tentativas toscas de organizar o que não se pode disciplinar? E se a gente não estiver entendendo nada justamente porque entender seja distração a que nos entregamos no estado mais inferior de consciência? E se as cenas mais sem lógica de que nos lembramos dos sonhos forem exatamente as com mais sentido profundo e correto? E se o raciocínio for a maneira mais lenta e menos abrangente de pensar, e a imaginação onírica for o raciocínio turbinado e mais abarcador? E se o raciocínio não passar de tentativa frustrada de reproduzir em câmara lenta o que o sonho faz em flashes, porque o pensar onírico seja nossa forma de abstrair em velocidade normal? E se nosso eu verdadeiro for o do sonho e não o da pobre vigília? Se for assim, a bolha virtual nos conterá com fidelidade?

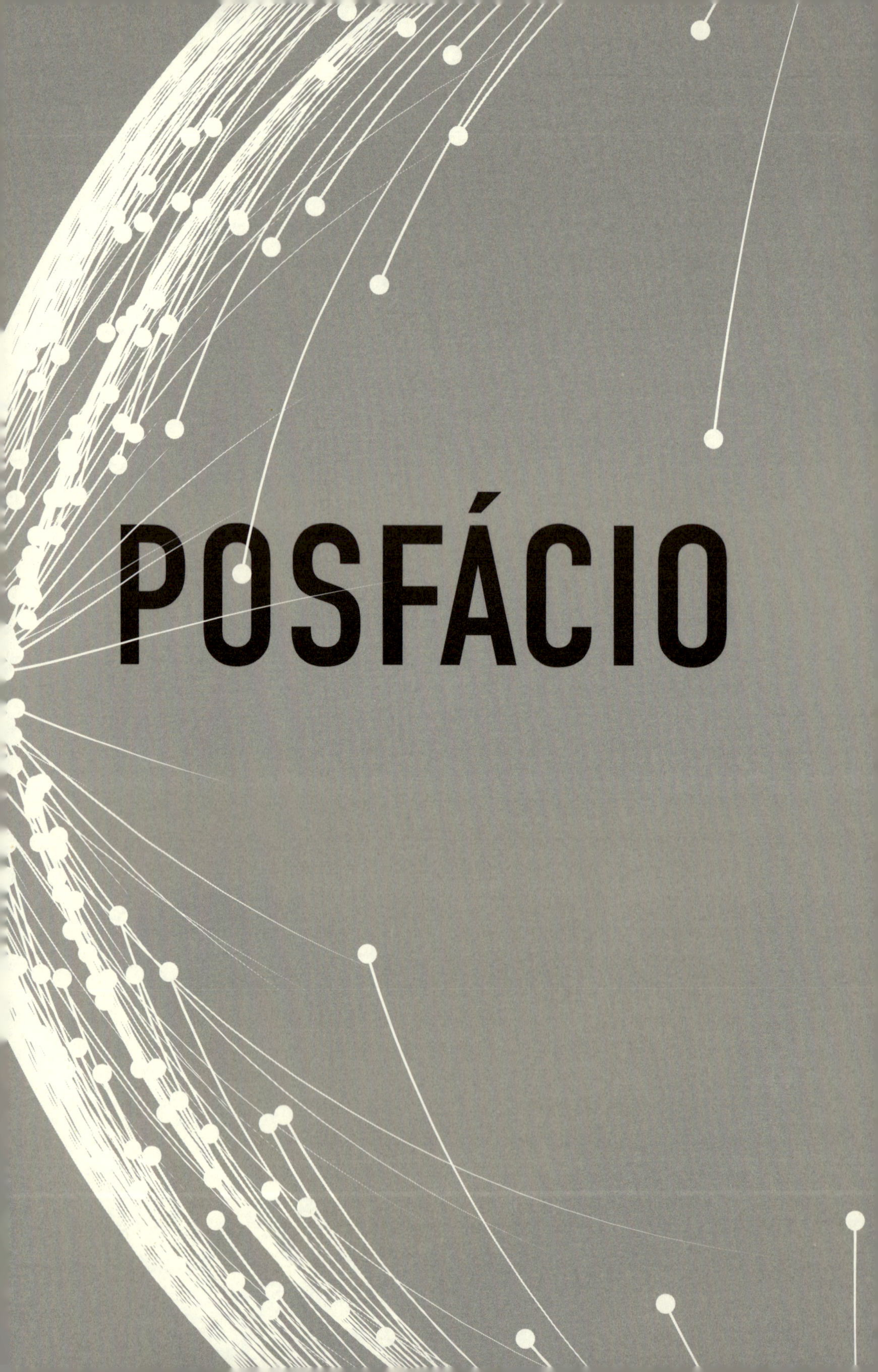

POSFÁCIO

Foi assim

Como se imaginará, o surgimento deste e-Código não se deu por parto espontâneo. Algumas manobras foram necessárias para buscar esse bebê esdrúxulo e fotofóbico nas profundezas das mentes que primeiro pensaram nele como a entidade com cabeça, tronco e membros que agora sai da caverna. As ideias, pelo menos parte delas, já estavam circulando sob telhados suspeitos e dentro de tocas cavadas à margem dos caminhos por onde vão os que têm medo do ridículo ou que preferem não cometer a ousadia de publicar um trabalho que ainda careça de aperfeiçoamento ou de reflexão mais cuidadosa. Excesso de zelo? Covardia travestida de precaução responsável? Talvez nunca saibamos.

Haveria uma história por trás deste e-Código, como o leitor imaginará. Se ainda permanece um mistério para a quase totalidade das pessoas comuns como nós ou incomuns como vocês outros, estaria longe de ser algo que tivesse minimamente a ver com teoria da conspiração ou crendices confortáveis desse tipo.

Nada disso.

Apenas é de justiça reconhecer que a interferência de algumas pessoas numa série de sucessos meio rocambolescos teria sido decisiva para assegurar que hoje possamos estar com estas páginas nas mãos, a crer na versão que circula. Pode ser que essas pessoas não tenham, como acreditavam, agido em benefício da humanidade ao defender com sacrifício dos interesses pessoais a divulgação do e-Código. Pode ser que tudo tenha sido um equívoco e que melhor estaríamos sem ter tido contato com as ideias nele assentadas. Pode ser.

O certo é que as coisas tomaram o rumo que tomaram, e aqui estamos nos dando ao trabalho de falar no assunto.

O sentido de urgência – mais uma vez, não sabemos se justificado ou não – fez com que não se tivesse esperado o tempo necessário para contar tudo antes de já divulgar o e-Código. Até porque as ideias principais desta obra mais a concepção de estrutura e formato já estão prontas há vários anos, e não faz sentido seguir adiando a colocação das leis à luz do sol.

Quer dizer, o enredo da história que trouxe o e-Código até aqui ainda não teria tido tempo de ser registrado, mas existiria a convicção de que seria bom que o fosse. Talvez não se possa apelar para razões de bem comum. Talvez se trate de simples justiça com os envolvidos, alguns tendo, dizem, sacrificado muito por conta do que acreditavam fosse não uma causa altruísta, mas pelo menos uma causa que confirmasse a importância da livre expressão das ideias como direito inerente ao progresso nas relações políticas e sociais.

Como quem se deu ao trabalho de ler sabe, este e-Código é o registro dos princípios, que podem ser extrapolados em forma de leis inteligíveis, que têm regido de forma natural o desenvolvimento de soluções tecnológicas para os problemas da existência do ser humano sobre a Terra. Estamos numa jornada para algum lugar. As especulações sempre foram naturais na história, e não temos a menor simpatia pela ideia de não saber para onde estamos sendo levados por circunstâncias que não compreendemos ou que não dominamos.

Queremos todos saber o que afinal está sendo feito de nosso destino. As forças que vão conduzindo a sociedade local e mundial estão nos levando para onde? É possível, pela observação crítica do que interliga os movimentos e as soluções incorporadas em nosso dia a dia, inferir lógica? É possível antecipar o rumo e o ponto de chegada da marcha que o progresso tecnológico está desenhando para nós?

Respostas podem ser encontradas aqui. Talvez desagradem, melindrem ou assustem, mas devem deixar o conforto do claustro.

Por isso, a decisão de publicar o e-Código, mesmo antes de relatar os tais acontecimentos históricos de bastidor. Se eles contextualizam o processo de registro, não definem o grau de acuidade das ponderações destas páginas nem são necessários para completar o sentido do conteúdo.

Então, deixemos assim por enquanto.

Agradecimentos

A minha mulher, Nancy, e a meus filhos Bruno e Lucas, os primeiros leitores do livro. Fizeram as perguntas e os comentários que eu precisava ouvir para mudar muita coisa. Sem os três, teria sido bastante mais difícil concluir o trabalho.

A Fernando Hugo Tavares de Castro, pela paciente e minuciosa leitura e pelas valiosíssimas sugestões de correção e mudança. Muito, muito grato a ele.

A Berilo Vargas, pelas observações e pelo incentivo à publicação.

As EPÍGRAFES deste livro são encontradas em:

A morte do funcionário, A. P. Tchekhov – *A dama do cachorrinho e outros contos*, São Paulo: 34, 1999. Tradução de Boris Schnaiderman.

As cidades invisíveis, Italo Calvino – São Paulo: Folha de S. Paulo, 2003. Tradução de Diogo Mainardi.

Aventuras de Alice no País das Maravilhas, Lewis Carroll – São Paulo: Clássicos Zahar, 2010. Tradução de Maria Luiza X. de A. Borges.

El llano en llamas, Juan Rulfo – *Obra*, Ciudad de México/Barcelona: RM/Fundación Juan Rulfo, 2018.

La rosa azul, Rubén Bareiro Saguier – Asunción: Servilibro, 2006.

Leviatã: ou matéria, forma e poder de um estado eclesiástico e civil, Thomas Hobbes – São Paulo: Martins Fontes, 2019. Tradução de João Paulo Monteiro e Maria Beatriz Nizza da Silva.

Memórias de Adriano, Marguerite Yourcenar – Rio de Janeiro: Nova Fronteira, 2015. Tradução de Martha Calderaro.

O coração das trevas, Joseph Conrad – São Paulo: Abril, 2010. Tradução de Celso M. Paciornik.

O pintor da vida moderna, Charles Baudelaire – Belo Horizonte: Autêntica, 2010. Tradução de Tomaz Tadeu.

Paraíso perdido, John Milton – Novo Hamburgo, RS, Clube de Literatura Clássica, 2020. Tradução de António José de Lima Leitão.

Que pena!, Dorothy Parker – *Maravilhas do conto norte-americano*, São Paulo: Cultrix, 1957. Tradução revista por T. Booker Washington.

Sermão da Sexagésima, Antônio Vieira – *Sermões*, vol. 1, São Paulo: Editora das Américas, 1957.

Vou-me embora pra Pasárgada, Manuel Bandeira – *Poesia completa e prosa*, Rio de Janeiro: José Aguilar, 1967.

Sobre o autor

everardobr é **Everardo Leitão**. Já trabalhou em diretoria tecnológica de empresa bancária com atuação internacional, publicou livros na área de texto, além do *Guia do idiota globalizado*, e é professor. Mora em Brasília.

Este é o primeiro livro publicado pela Categoria

Impresso em setembro/outubro 2021

Impressão: GRÁFICA IPSIS

Papel miolo: PÓLEN SOFT 80 G/M²

Revestimento capa: COUCHÊ BRILHO 150 G/M²

Papel guarda: OFFSET 150 G/M²

Tipografia: REPLICA PRO & DOMAINE TEXT